42

REIHE AUTOMATISIERUNGSTECHNIK

Herausgegeben von B. Wagner und G. Schwarze

Elektronische Datenverarbeitung

Grundstufe der COBOL-Programmierung

Dieter Bär

Springer Fachmedien Wiesbaden GmbH

REIHE AUTOMATISIERUNGSTECHNIK

1 *Schwarze:* Grundbegriffe der Automatisierungstechnik
2 *Gottschalk:* Bauelemente der elektrischen Steuerungstechnik
3 *Berg:* Hydraulische Steuerungen
4 *Schöpflin:* Netzregelungen
5 *Schubert:* Digitale Kleinrechner
6 *Sydow:* Elektronische Analogrechner
7 *Götte:* Elektronische Bauelemente in der Automatisierungstechnik
8 *Bojartschenkow/Schinjanski:* Magnetische Verstärker
9 *ten Brink/Kauffold:* Entwurf und Ausführung von Steueranlagen
10 *Schwarze:* Regelkreise mit I- und P-Reglern
11 *Peschel:* Regelkreise mit PID-Reglern
12 *Stuchlik:* Programmgesteuerte Universalrechner
13 *Kautsch:* Elektrische Meßverfahren für nichtelektrische Größen
14 *Ehrhardt:* Fernsteuerung
15 *Schöpflin:* Projektierung von Regelungsanlagen
16 *Lüdtke:* Betriebserfahrungen mit einer automatischen Großanlage
17 *Schroedter/Meyer:* Betriebsmeßtechnik
18 *Fritzsch:* Grundlagen der elektrischen Antriebsregelung
19 *Ahner/Bode:* Elektronische Datenverarbeitung in der Ökonomie
20 *Dittmann:* Kennwertermittlung von Regelstrecken u. Regelgeräten
21 *Fuchs:* Digitale Regelungen
22 *Borgwardt:* Gasanalysen-Meßtechnik
23 *Finger:* Elektrische Wägetechnik
24 *Obenhaus:* Fernmeßeinrichtungen
25 *Bär:* Einführung in die Schaltalgebra
26 *Borgwardt:* Flüssigkeitsanalysen-Meßtechnik
27 *Liebers:* Temperaturmessungen
28 *Hummitzsch:* Zuverlässigkeit von Systemen
29 *Berg:* Hydraulische Bauelemente in der Automatisierungstechnik
30 *Peschel:* Kybernetik und Automatisierung
31 *Schroedter:* Standmessungen in Behältern
32 *Meyer:* Volumen- und Durchflußmessung von Flüssigkeiten und Gasen
33 *Hartmann:* Regelkreise mit Zweipunktreglern
34 *Roeber:* Meßeinrichtungen
35 *Wagner:* Automatisierungstechnik — Einführung und Überblick
36 *Zemlin:* Grundzüge des Frequenzkennlinienverfahrens
37 *Berg:* Anwendung der Hydraulik in der Automatisierungstechnik
38 *Gottschalk:* Elektronische Bausteinsysteme der Digitaltechnik
39 *Wolff:* Anwendung des Frequenzkennlinienverfahrens
40 *Bär/Fuchs:* Kleines Lexikon der Steuerungs- und Regelungstechnik
41 *Greif:* Anwendung lichtelektrischer Empfänger
42 *Bär:* Elektronische Datenverarbeitung — Grundstufe der COBOL-Programmierung —
43 *Bär:* EDV — Oberstufe der COBOL-Programmierung —
44 *Bär:* EDV — Praxis der COBOL-Programmierung —
45 *Bittner:* Pneumatische Funktionselemente
46 *Fuchs/Könitzer:* Digitale Meßtechnik

Additional material to this book can be downloaded from http://extras.springer.com

ISBN 978-3-663-04059-0 ISBN 978-3-663-05505-1 (eBook)
DOI 10.1007/978-3-663-05505-1
Lektor: *Jürgen Reichenbach*
Bestellnummer: 3/3845 · ES 20 K 2 · DK 681.14

VLN 210. Dg. Nr. 370/66/66 Deutsche Demokratische Republik
Ursprünglich erschienen bei VEB Verlag Technik, Berlin 1966.
Einbandgestaltung: *Kurt Beckert*

Inhaltsverzeichnis

Vorwort

Programmgesteuerte elektronische Informationsverarbeitungsanlagen haben in den letzten Jahren in den verschiedensten Bereichen des gesellschaftlichen Lebens interessante und nutzbringende Anwendung gefunden. Das Spektrum der Anwendungen reicht von der wissenschaftlichen Grundlagenforschung über die Technik, die Ökonomie, die Medizin, die Dokumentation bis zur Linguistik. Ständig treten neue Anwendungsbereiche hinzu; ebenso werden fast täglich neuartige Aufgabenstellungen in den bereits „klassischen" Einsatzgebieten der maschinellen Informationsverarbeitung zugänglich.

Einen wichtigen Zweig der maschinellen Informationsverarbeitung mit Hilfe programmgesteuerter elektronischer Informationsverarbeitungsanlagen stellt die *elektronische Datenverarbeitung* dar. Die Prinzipien der elektronischen Datenverarbeitung haben dazu beigetragen, daß der zunächst für die Belange der numerischen Mathematik entwickelte programmgesteuerte elektronische Rechenautomat auch in solchen Bereichen anwendbar wurde, in denen mathematische Methoden bislang nicht im Vordergrund standen (Dokumentation, Biologie, Medizin, Sprachwissenschaften usw.).

Um diese Entwicklungstendenz noch zu beschleunigen, ist eine umfassende Information über die technischen und programmierungstechnischen Möglichkeiten der elektronischen Datenverarbeitung erforderlich.

In der REIHE AUTOMATISIERUNGSTECHNIK werden daher insgesamt drei Bände erscheinen, in denen die technischen und programmierungstechnischen Grundlagen der elektronischen Datenverarbeitung im Vordergrund stehen und deren erster Band hiermit vorliegt. Es sind dies die Bände

Elektronische Datenverarbeitung
— Grundstufe der COBOL-Programmierung —

Elektronische Datenverarbeitung
— Oberstufe der COBOL-Programmierung —

Elektronische Datenverarbeitung
— Praxis der COBOL-Programmierung —

Die ersten beiden Bände tragen einführenden Charakter und sollen den Leser in zwei Etappen (Grundstufe, Oberstufe) mit der technischen Ausrüstung und den Grundlagen der Programmierung einer elektronischen Datenverarbeitungsanlage bekannt machen. Als konkreter Automat wird dabei der ROBOTRON-300 im Vordergrund stehen. Die Programmierungstechnik wird allerdings nicht in der Maschinensprache eines einzelnen Automaten, sondern in der problemorientierten Sprache COBOL (**Co**mmon **B**usiness **O**riented **L**anguage) behandelt werden. Die in dem vorliegenden Band „Grundstufe" realisierte erste Etappe ist in sich abgeschlossen und bezieht sich auf die Grundausstattung einer elektronischen Datenverarbeitungsanlage mit Zentraleinheit, Lochkartenleser, Lochkartenstanzer und Schnelldrucker.

Im Band „Oberstufe" werden die technischen und programmierungstechnischen Probleme der Dateneingabe und Datenausgabe über Lochbänder und Magnetbänder behandelt. Insbesondere wird die Programmierungssprache COBOL im Hinblick auf ihre wichtigsten Ausdrucksmittel wesentlich ausgebaut.

Der abschließende Band „Praxis" vermittelt den Zusammenhang zwischen Programmablaufplänen (Flußdiagrammen) und COBOL-Programmen. Darüber hinaus enthält er reichhaltiges Beispielmaterial für die COBOL-Programmierung und eine systematische Zusammenstellung aller Ausdrucksmittel von COBOL.

Der Band „Praxis" soll weitgehend Handbuchcharakter tragen und dem Leser als Nachschlagewerk bei der praktischen Anwendung der in den ersten beiden Bänden erworbenen Kenntnisse dienen.

Die Kenntnis des Bandes 5 der REIHE AUTOMATISIERUNGSTECHNIK (*Schubert*: Digitale Kleinrechner) wird hier als bekannt vorausgesetzt.

Berlin *Dieter Bär*

1. Grundbegriffe und Zielstellung

Um die Zielstellung der im Vorwort genannten drei Bände möglichst genau angeben zu können, müssen zunächst einige Grundbegriffe bereitgelegt werden, die mit der Struktur der zu verarbeitenden Informationen sowie mit der Gesamtausstattung einer elektronischen Datenverarbeitungsanlage zusammenhängen.

1.1. Datenstrukturen

Im Rahmen der auf den Prinzipien der Digitaltechnik beruhenden maschinellen Informationsverarbeitung unterscheidet man zwischen (maschineller) *Datenverarbeitung* und (maschineller) *Rechentechnik*. Den Grundlagen der digitalen Rechentechnik sind die Bände RA 5 und RA 12 gewidmet. Zunächst soll versucht werden, den Gegenstand der Datenverarbeitung von dem der Rechentechnik abzugrenzen. Dabei zeigt es sich, daß es heutzutage weder im Hinblick auf die gerätetechnische Ausstattung der Anlagen noch im Hinblick auf die Anwendungsbereiche möglich ist, zwischen Datenverarbeitung und Rechentechnik sinnvolle Grenzen zu ziehen. In modernen elektronischen Datenverarbeitungsanlagen sind heute die gleichen technischen und programmierungstechnischen Prinzipien realisiert wie in elektronischen Rechenanlagen. Die interne Speicherung von Informationen in Ferritkernspeichern (Matrixspeichern) mit kleiner Zugriffszeit, die zusätzliche Verwendung von adressierbaren Großraumspeichern (Magnetplattenspeichern, Magnetkartenspeicher), der Austausch von Informationen mit externen Sequenzspeichern (Lochkarten, Lochband, Magnetband), die Verknüpfung von Informationen in elektronisch realisierten Rechenwerken und nicht zuletzt die Möglichkeit der automatischen Programmsteuerung aller Datentransporte und Datenverknüpfungen mit Hilfe elektronischer Steuerwerke stellen Prinzipien dar, die sowohl eine moderne elektronische Rechenanlage als auch eine moderne elektronische Datenverarbeitungsanlage gleichermaßen auszeichnen. Es setzen sich daher in verstärktem Maße solche elektronischen Anlagen durch, die sowohl für die Datenverarbeitung als auch für die numerische Rechentechnik eingesetzt werden können.

Eine sinnvolle Grenze zwischen Datenverarbeitung und Rechentechnik läßt sich nur im Hinblick auf die *Struktur* der zu verarbeitenden *Informationen* festlegen.

Daher sollen zunächst einige Ausführungen zum Informationsbegriff gemacht werden. Informationen sind durch die folgenden drei Eigenschaften gekennzeichnet:

1. Semantischer Aspekt. Jede Information besitzt eine Bedeutung (Semantik), die darin besteht, daß eine *Aussage* über einen genau abgegrenzten Teilbereich der Realität gemacht wird. Dadurch wird diesem Teilbereich der Realität (im folgenden kurz als *Individuum* bezeichnet) ein bestimmtes *Merkmal* zugesprochen. Dieser semantische Aspekt des Informationsbegriffs entspricht weitgehend der umgangssprachlichen Bedeutung des Wortes „Information".

Um derartige Informationen sinnvoll vergleichen, bewerten und verarbeiten zu können, muß zusätzlich noch zweierlei gefordert werden. Erstens müssen von vornherein bestimmte Merkmals*bereiche* festliegen, in denen jeweils diejenigen Merkmale zusammengefaßt sind, die einem Individuum durch eine Information zugewiesen werden können. Zweitens müssen für jeden einzelnen dieser Merkmalsbereiche die prinzipiell in Frage kommenden Merkmale von vornherein festgelegt werden. Tafel 1 zeigt einige Beispiele für Individuen, die betrachteten Merkmalsbereiche und die zulässigen Merkmale innerhalb dieser Bereiche. Der semantische Aspekt einer Information läßt sich damit folgendermaßen zusammenfassen:

Eine Information ist eine (zum Zeitpunkt der Informationserfassung wahre) Aussage über einen Teilbereich der Realität (Individuum), die diesem ein bestimmtes qualitatives oder quantitatives Merkmal aus einem vorgegebenen Merkmalsbereich zuspricht.

2. Physikalischer Aspekt. Jede Information wird durch einen genau festgelegten Zustand eines physikalisch realen *Informationsträgers* dargestellt. Hierbei kann es sich z. B. um die geometrische Verteilung von Löchern auf Lochkarten oder Lochstreifen, die Magnetisierungsrichtungen auf den Elementarbezirken einer Magnettrommel oder eines Magnetbandes, die Magnetisierungsrichtung eines ringförmigen Magnetkerns oder um die zeitliche Aufeinanderfolge von elektrischen Spannungsimpulsen handeln.

3. Syntaktischer Aspekt. Jede Information wird als eine Folge von Zeichen aus einem festgelegten Alphabet *kodiert*. Häufig tritt z. B. der Fall auf, daß Zahlwerte im Dualkode oder in einem dezimal-binären Kode (s. RA 5 und RA 40) mit Hilfe des aus den Zeichen O und L bestehenden binären Alphabets dargestellt werden.

Die Zeichenfolgen aus dem zugrunde liegenden Alphabet werden als *Wörter (Kodewörter)* bezeichnet.

Für die Datenverarbeitung ist der Fall charakteristisch, daß die zu verschlüsselnden Informationen durch Wörter aus *alphanumerischen* Zeichen dargestellt werden. Zu den alphanumerischen Zeichen gehören die 10 Dezimalziffern (0 1 2 . . . 9), die 26 Buchstaben (A B C . . . Z) und zusätzlich weitere Sonderzeichen (, ; . + — = < > * / usw.). Diese alphanumerischen Zeichen werden ihrerseits durch Kombinationen der binären Worte O und L dargestellt, da sich diese im Hinblick auf den physikalischen Aspekt der Information technisch sehr einfach als Zustände eines Informationsträgers realisieren lassen. Wie dies im einzelnen geschieht, wird an späterer Stelle näher beschrieben.

Dieses Prinzip der alphanumerischen Informationsdarstellung kommt dem Gesichtspunkt der Eingabe, Verarbeitung und Ausgabe von „Klartext" weitgehend entgegen.

Tafel 1

Individuum	Merkmalsbereich	zulässige Merkmale
Klimatische Verhältnisse an einem bestimmten Ort	Lufttemperatur	Alle ganzzahligen Temperaturwerte zwischen —50 °C und +60 °C
	Luftdruck	Alle ganzzahligen Druckwerte zwischen 500 Torr und 1000 Torr
	Relative Luftfeuchtigkeit	Alle ganzzahligen Prozentwerte zwischen 0% und 100%
Einzelhandelsverkauf von Stückgütern	Artikel-Nummer	Alle in Frage kommenden Artikel-Nummern
	Stückzahl	Alle erfahrungsgemäß vorkommenden Stückzahlen
	Einzelpreis	Alle vorkommenden Einzelpreise
	Gesamtpreis	Alle erfahrungsgemäß vorkommenden Gesamtpreise
	Verkaufsstellen-Nummer	Alle zu einem Handelsbereich gehörenden Verkaufsstellen-Nummern
Einwohner eines Landes	Geschlecht	männlich, weiblich
	Familienstand	ledig, verheiratet, geschieden, verwitwet
	Geburtsjahr	Alle Jahreszahlen von 1850 bis 1964
	Berufstätig	ja, nein
Literarisches Erzeugnis	Sprache	Deutsch, Russisch, Englisch, Französisch, sonst. Sprache
	Klassifikation	Lehrbuch, Monographie, Nachschlagewerk, Bibliographie, Zeitschriften-Aufsatz, Sonstiges
	Erscheinungsjahr	Vor 1900, alle Jahreszahlen ab 1900

In der maschinellen Informationsverarbeitung treten nur selten *einzelne* Informationen im Sinne der obigen Begriffsfestlegung (vgl. Semantischer Aspekt) auf. Meist ist es erforderlich, zur ausreichenden Kennzeichnung eines einzelnen Individuums *mehrere* Merkmalsbereiche gleichzeitig zuzulassen (vgl. Tafel 1). Man faßt dann alle Informationen, die sich auf *dasselbe* Individuum beziehen und diesem zulässige Merkmale aus *verschiedenen* Merkmalsbereichen zuordnen, zu einem *Informationssatz* zusammen. Tafel 1 bietet dem Leser ausreichendes Beispielmaterial zur Aufstellung von Informationssätzen. Der Informationssatz stellt die Grundstruktur dar, in der die zur verarbeitenden Informationen über ein einzelnes Individuum in der maschinellen Informationsverarbeitung in Erscheinung treten.

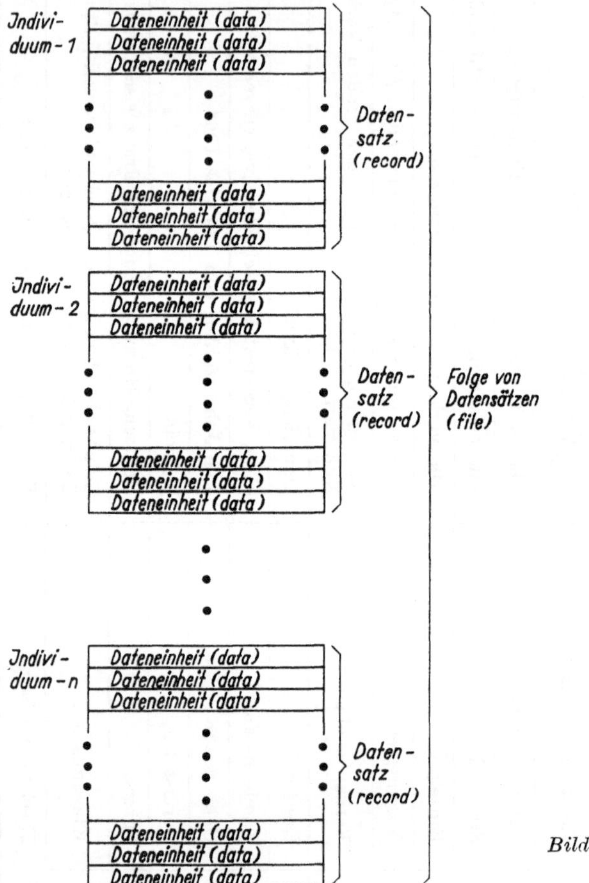

Bild 1

In der *Rechentechnik* werden jeweils *einzelne* Informationssätze mit dem Ziel verarbeitet, aus den vorgegebenen Merkmalen dieses Informationssatzes auf Grund mathematischer Modelle für das zugrunde liegende Individuum weitere Merkmale desselben Individuums rechnerisch zu bestimmen. Beispiele für eine derartige Zielstellung sind die Berechnung statischer Kennwerte eines projektierten Gebäudes, die Berechnung optimaler Maschinenbelegungspläne, die Berechnung der erforderlichen Eigenschaften optischer Linsensysteme, die statische und dynamische Optimierung eines Regelkreises usw. In allen Fällen liegt ein genau abgegrenztes Teilsystem der Realität vor, von dem einige Merkmale bekannt sind. Aus diesen werden auf Grund entsprechender mathematischer Modelle weitere Merkmale dieses Individuums berechnet.

In der *Datenverarbeitung* hat man es dagegen stets mit *Folgen* von Informationssätzen zu tun, die sich auf eine größere Anzahl vergleichbarer bzw. zu vergleichender Individuen beziehen. Beispiele hierfür sind etwa Umsatzangaben für alle Verkaufsstellen eines Handelsbereichs innerhalb eines bestimmten Zeitraums (z. B. eines Tages), bibliographische Angaben über alle Veröffentlichungen eines bestimmten Wissensgebietes, meteorologische Angaben über einen bestimmten Ort für eine längere Folge von Zeitpunkten, Ergebnisse einer zielgerichteten medizinischen Reihenuntersuchung für eine größere Anzahl von Patienten usw. In jedem Falle handelt es sich um eine größere Anzahl (Kartei) von Informationssätzen, von denen sich jeder auf ein anderes (mit den übrigen jedoch vergleichbares) Individuum bezieht.

Im folgenden sollen die einzelnen Informationen eines Informationssatzes als *Dateneinheiten (data)* bezeichnet werden. Dementsprechend sollen die Informationssätze auch *Datensätze (record)* genannt werden. Die gesamte Folge (Kartei) von Datensätzen als umfassendste Informationsstruktur in der Datenverarbeitung wird in Anlehnung an die englischsprachige Fachterminologie als ein *file* bezeichnet. Die z. T. in Klammern angegebenen englischen Termini werden bei der maschinenunabhängigen Programmierung in der Programmierungssprache COBOL ständig verwendet.

Bild 1 zeigt die Grundstruktur eines *file* als einer Folge von Datensätzen *(records)*.

1.2. Überblick über eine elektronische Datenverarbeitungsanlage

Bild 2 zeigt die Gesamtansicht einer modernen elektronischen Datenverarbeitungsanlage. Eine schematische Darstellung der Grobstruktur einer derartigen Anlage ist im Bild 3 gegeben. Im Sinne eines Überblicks soll hier nur auf die wichtigsten Bestandteile einer Datenverarbeitungsanlage hingewiesen werden. Eine genauere Beschreibung der Einzelheiten wird in den folgenden Abschnitten dieses Bandes gegeben.

Die *Zentraleinheit* einer Datenverarbeitungsanlage besteht aus ihrem internen Hauptspeicher, dem Rechenwerk, dem Steuerwerk und dem Bedienungspult. In der Zentraleinheit findet die eigentliche Informationsverarbeitung statt. Die zu verarbeitenden Informationen stehen im Hauptspeicher bereit. Gleichzeitig ist im Hauptspeicher das Programm des Datenverarbeitungsprozesses als Folge von Einzelbefehlen gespeichert. Die

Bild 2

Befehle werden automatisch in der vorgeschriebenen Reihenfolge in das Steuerwerk überführt. Dort werden sie entschlüsselt, und es werden vom Steuerwerk die erforderlichen Maßnahmen im Hinblick auf die Zentraleinheit selbst oder im Hinblick auf den Datentransport von den externen Geräten zur Zentraleinheit bzw. von der Zentraleinheit zu den externen Geräten automatisch ausgelöst. So können z. B. Daten aus dem Hauptspeicher ins Rechenwerk transportiert werden, im Rechenwerk stehende Daten können mit anderen Dateneinheiten im Hauptspeicher verknüpft werden, Zwischenergebnisse können in den Hauptspeicher zurücktransportiert werden, neue Daten können von den externen Geräten in den Hauptspeicher eingegeben werden, und Ergebnisse können an die externen Geräte (z. B. Schnelldrucker) ausgegeben werden.

Die Eingabe größerer Folgen von Datensätzen *(files)* kann z. B. (ebenfalls durch das Steuerwerk automatisch auf Grund der auszuführenden Befehle gesteuert) über die gepufferten[1]) Eingabegeräte (Lochkartenleser, Lochbandleser) erfolgen. Ebenso kann die Ausgabe von Ergebnis*files* über die gepufferten Ausgabegeräte (Lochkartenstanzer, Schnelldrucker, Lochbandstanzer) erfolgen. Die Eingabe und Ausgabe über ungepufferte Eingabe- und Ausgabegeräte (z. B. Lochbandleser, Lochbandstanzer) werden sich dagegen auf kleinere Datenmengen beschränken.

Eine besondere Rolle unter den externen Geräten spielen die *Magnetbandgeräte.* Abgesehen von der großen Speicherkapazität eines Magnetbandes bieten sie die Möglichkeit, große Datenmengen sehr viel schneller mit dem Hauptspeicher auszutauschen, als das bei den zuvor erwähnten Eingabe- und Ausgabegeräten möglich ist.

[1]) Im Hinblick auf gepufferte Eingabe bzw. Ausgabe vgl. Seite 36ff.

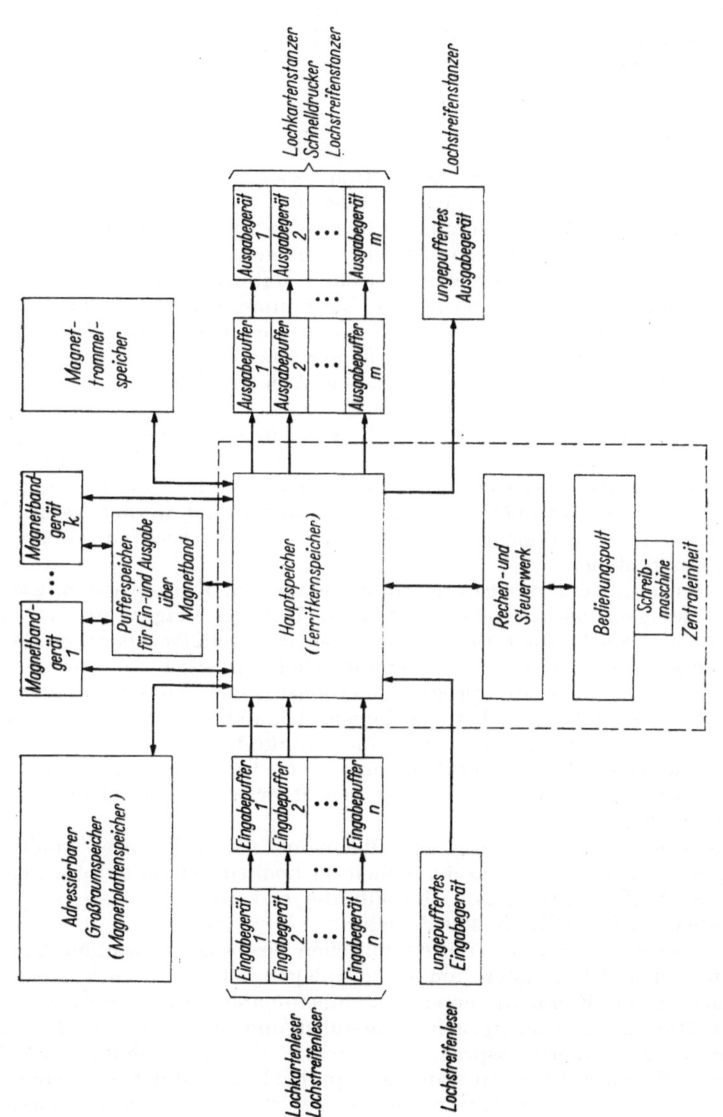
Adressierbarer Großraumspeicher (Magnetplattenspeicher)
Magnetbandgerät 1
Magnetbandgerät k
Pufferspeicher für Ein- und Ausgabe über Magnetband
Magnettrommelspeicher
Lochkartenleser
Lochstreifenleser
Eingabegerät 1
Eingabegerät 2
Eingabegerät n
Eingabepuffer 1
Eingabepuffer 2
Eingabepuffer n
Hauptspeicher (Ferritkernspeicher)
Ausgabepuffer 1
Ausgabepuffer 2
Ausgabepuffer m
Ausgabegerät 1
Ausgabegerät 2
Ausgabegerät m
Lochkartenstanzer
Schnelldrucker
Lochstreifenstanzer
Lochstreifenleser
ungepuffertes Eingabegerät
Rechen- und Steuerwerk
Bedienungspult
Schreibmaschine
Zentraleinheit
ungepuffertes Ausgabegerät
Lochstreifenstanzer

Bild 3

Schließlich bieten externe Großraumspeicher (z. B. Magnetplattenspeicher) sowie Magnettrommeln die Möglichkeit, die in der Regel relativ beschränkte Kapazität des internen Hauptspeichers sinnvoll zu ergänzen.
Die Realisierung von Datenverarbeitungsprozessen mit Hilfe derartiger elektronischer Datenverarbeitungsanlagen soll als *elektronische Datenverarbeitung* bezeichnet werden.

1.3. Zielstellung

In den folgenden Abschnitten dieses Bandes sowie in den im Vorwort angekündigten zwei weiteren Bänden sollen die technischen Möglichkeiten und die programmierungstechnischen Grundlagen der elektronischen Datenverarbeitung im Vordergrund stehen. Die genauere Kenntnis der *technischen Möglichkeiten* einer elektronischen Datenverarbeitungsanlage ist als notwendige Voraussetzung für die Beurteilung der Anwendbarkeit der Datenverarbeitung in den verschiedensten Bereichen anzusehen. Dabei kommt es besonders darauf an, Größenordnung und Austattung der für konkrete Anwendungsfälle vorgesehenen Anlagen beurteilen bzw. festlegen zu können.
Über den rein technischen Aspekt hinaus hängt die Leistungsfähigkeit einer elektronischen Datenverarbeitungsanlage aber auch davon ab, durch welche *programmierungstechnischen* Möglichkeiten das Zusammenwirken der einzelnen Institutionen einer Anlage gewährleistet werden kann. Deshalb sollen im folgenden auch die Grundlagen der Programmierung im Vordergrund stehen.
Die technischen und programmierungstechnischen Konzeptionen, zumindest derjenigen elektronischen Datenverarbeitungsanlagen, die auf dem Prinzip der Verarbeitung alphanumerischer Zeichenfolgen beruhen, lassen gegenwärtig eine weitgehende Vereinheitlichung erkennen. Sowohl die technischen als auch die programmierungstechnischen Grundlagen der elektronischen Datenverarbeitung lassen sich daher heute bis zu einem gewissen Grade unabhängig von einer konkreten Datenverarbeitungsanlage darstellen. Von dieser Möglichkeit soll im folgenden im Interesse verallgemeinerungsfähiger Aussagen soweit wie möglich Gebrauch gemacht werden.
Andererseits ist es notwendig, die allgemeinen Grundlagen an konkreten Anlagen belegen und veranschaulichen zu können. Als konkreter gerätetechnischer Hintergrund soll deshalb die elektronische Datenverarbeitungsanlage ROBOTRON-300 dienen.
Um auch die programmierungstechnischen Grundlagen unabhängig von den speziellen Befehlslisten konkreter Anlagen behandeln zu können, sollen hierbei die Elemente einer maschinenunabhängigen, problemorientierten Programmierungssprache eingeführt und verwendet werden. Eine solche Programmierungssprache ist unter der Bezeichnung COBOL (**C**ommon **B**usiness **O**riented **L**anguage) in den letzten Jahren international bekannt geworden. Der Anwendungsbereich dieser Sprache ist etwas allgemeiner, als ihr Name andeutet. COBOL ist einerseits der Formulierung von Prozessen zur Verarbeitung von *files* besonders gut angepaßt und ist daher für nahezu alle Datenverarbeitungsprozesse (nicht nur im kaufmännischen Bereich) geeignet. Andererseits werden in COBOL die Be-

sonderheiten von elektronischen Datenverarbeitungsanlagen mit alphanumerischer Zeichenstruktur und variabler Datenlänge (z.B. ROBOTRON-300) stark berücksichtigt. Damit besteht zusätzlich die Möglichkeit, Datenverarbeitungsprozesse im ROBOTRON-300 bequem in dieser Sprache zu beschreiben. In den folgenden Abschnitten wird eine eingeschränkte Fassung der Sprache COBOL zur Formulierung von Programmen verwendet werden. Diese Einschränkungen sind so gewählt, daß sie zwar die Ausdrucks*mittel*, nicht aber die Ausdrucks*fähigkeit* der Originalsprache wesentlich begrenzen.

2. Zentraleinheit

Zur Zentraleinheit einer elektronischen Datenverarbeitungsanlage (Bild 3) gehören der interne Hauptspeicher, das Rechenwerk, das Steuerwerk und das Bedienungspult.

2.1. Hauptspeicher

Als interne Hauptspeicher elektronischer Datenverarbeitungsanlagen werden in der Regel *Ferritkernspeicher* (Matrixspeicher) verwendet. Ein solcher Speicher besteht aus einer großen Anzahl kleiner ringförmiger Magnet-

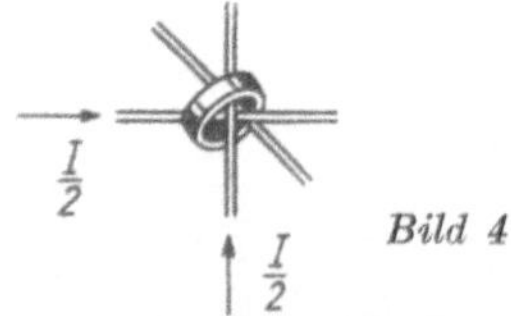

Bild 4

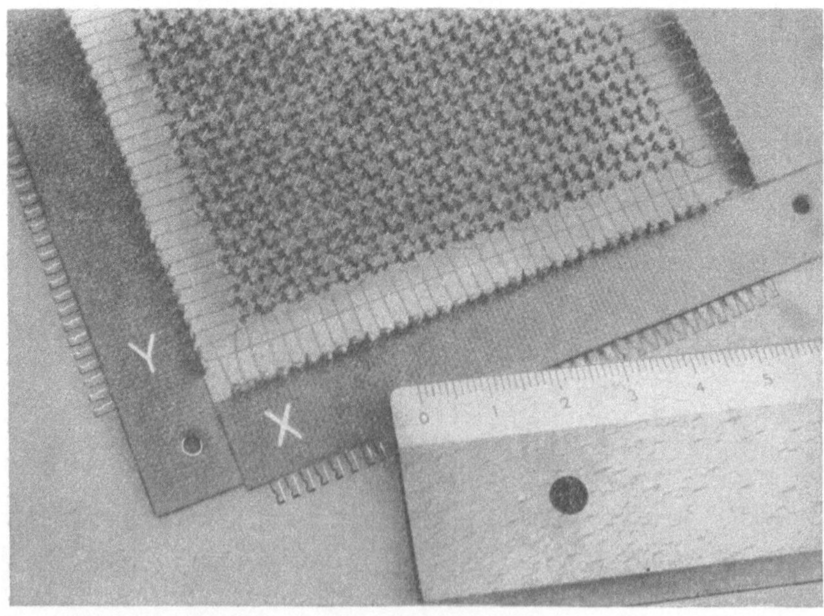

kerne (Bild 4), von denen jeder zwei verschiedene Magnetisierungsrichtungen annehmen kann. Dadurch kann jeder Magnetkern eines der beiden Zeichen des binären Alphabets (O bzw. L) durch seinen physikalischen Zustand darstellen. Jeder Magnetkern besitzt also die Bedeutung einer *Binärstelle* des Speichers. Eine solche Binärstelle wird auch als ein *Bit* bezeichnet.

Um einerseits in diesen Speicher die gewünschten binär verschlüsselten Informationen einspeichern („schreiben") zu können und um andererseits die in bestimmten Binärstellen vorliegende Information abfragen („lesen") zu können, ist jeder Magnetkern von je einer *Schreibleitung* und je einer *Leseleitung* durchzogen. Über beide Leitungen können elektrische Spannungsimpulse übertragen werden. Die Steuerung und Verteilung der Spannungsimpulse auf die einzelnen Schreib- bzw. Leseleitungen erfolgt in Abhängigkeit vom auszuführenden Befehl automatisch durch das Steuerwerk. Auf diese Weise ist es möglich, bestimmte Magnetkerne jeweils in die gewünschte Magnetisierungsrichtung (O oder L) zu stellen (Schreibimpulse) oder die Magnetisierungsrichtungen bestimmter Magnetkerne abzufragen, ohne die eingespeicherte Information zu stören (Leseimpulse).

2.1.1. Alphanumerische Struktur des Hauptspeichers

Es wurde bereits angedeutet, daß die interne Informationsdarstellung sehr häufig durch *alphanumerische* Zeichen erfolgt. Um dies zu erreichen, faßt man jeweils mehrere Binärstellen (Magnetkerne) des Speichers zu

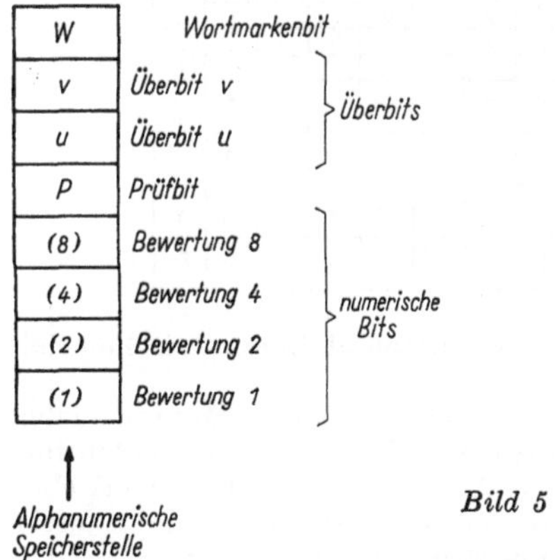

Bild 5

einer alphanumerischen Speicherstelle zusammen. Je nach den Besonderheiten der Anlage verwendet man für eine alphanumerische Speicherstelle 6 ... 8 Binärstellen. In Anlehnung an die innere Struktur des ROBOTRON-300 sollen im folgenden jeweils 8 Binärstellen des Kernspeichers zu einer alphanumerischen Stelle zusammengefaßt werden. Bild 5 zeigt schematisch die Aufgliederung einer alphanumerischen Speicherstelle in 8 Binärstellen (Bits).

Sieht man zunächst von den durch *P* und *W* gekennzeichneten Bits ab, so verbleiben zunächst der aus den unteren 4 Bits bestehende *numerische Teil* und die beiden durch *u* und *v* bezeichneten *Überbits*. Mit Hilfe dieser 6 Bits werden alle alphanumerischen Zeichen verschlüsselt.

Ziffern. Bei der Verschlüsselung der 10 Dezimalziffern 0 ... 9 sind beide Überbits (*u* und *v*) mit O belegt. Die Darstellung der Ziffern erfolgt im numerischen Teil nach dem dezimal-dualen Kode (s. RA 40), d. h., die vier numerischen Bits sind mit den Bewertungen 1 ($= 2^0$), 2 ($= 2^1$), 4 ($= 2^2$) und 8 ($= 2^3$) zu versehen (vgl. Tafel 2).

Buchstaben. Bei der Verschlüsselung der 26 Buchstaben A ... Z werden zusätzlich die Überbits variiert. Dabei gelten folgende Regeln: Mit der Überbitkombination $v = \text{O}$, $u = \text{L}$ und der numerischen Verschlüsselung 1 ... 9 werden (in dieser Reihenfolge) die Buchstaben A ... I dargestellt. Die Überbitkombination $v = \text{L}$, $u = \text{O}$ ergibt zusammen mit den numerischen Werten 1 ... 9 die Buchstaben J ... R. Schließlich werden die Buchstaben S ... Z (in dieser Reihenfolge) durch die Überbitkombination $v = u = \text{L}$ zusammen mit den numerischen Werten 2 ... 9 dargestellt (vgl. Tafel 2).

Sonderzeichen. Das für ROBOTRON-300 verwendete Sortiment von Sonderzeichen und die jeweilige Verschlüsselung ist aus Tafel 2 zu entnehmen.

Tafel 2

Num. Wert	0	1	2	3	4	5	6	7	8	9	10	11	12	13	14	15
Numer. Bits (8)	0	0	0	0	0	0	0	0	L	L	L	L	L	L	L	L
Numer. Bits (4)	0	0	0	0	L	L	L	L	0	0	0	0	L	L	L	L
Numer. Bits (2)	0	0	L	L	0	0	L	L	0	0	L	L	0	0	L	L
Numer. Bits (1)	0	L	0	L	0	L	0	L	0	L	0	L	0	L	0	L
v=0; u=0	0	1	2	3	4	5	6	7	8	9	□	#	(	:	'	]
v=0; u=L	+	A	B	C	D	E	F	G	H	I	~	.	;	!	"	”
v=L; u=0	— -0	J -1	K -2	L -3	M -4	.N -5	0 -6	P -7	Q -8	R -9	≈	)	✱	=	<	?
v=L; u=L	’	/	S	T	U	V	W	X	Y	Z	≋	,	%	△	>	[

Tafel 2 zeigt die Verschlüsselung aller verwendeten alphanumerischen Zeichen im ROBOTRON-300-Kode.

Für alle folgenden Betrachtungen ist es zweckmäßig, den Hauptspeicher stets als Gesamtheit von *alphanumerischen Speicherstellen* aufzufassen und die Binärstellen des Speichers nur im Rahmen dieser alphanumerischen Stellen zu betrachten. In der Regel ist bei einem derartig organisierten Hauptspeicher jede einzelne alphanumerische Stelle *adressierbar*. Die kleinste adressierbare Speichereinheit (Speicherzelle) ist hier also nicht wie etwa bei einem Magnettrommelspeicher (ZRA 1, ROBOTRON-100) ein Speicherwort mit einer bestimmten festgelegten Anzahl von Zeichen, sondern jedes alphanumerische Zeichen ist für sich allein adressierbar. Beim ROBOTRON-300 ist die adressierbare Speichereinheit also das im Bild 5 gezeigte 8-Bit-Zeichen. Für den ROBOTRON-300 sind Hauptspeicherkapazitäten von 2 000, 6 000, 10 000, 20 000 oder 40 000 alphanumerischen Stellen je nach Bedarfsfall programmierungstechnisch vorgesehen.

2.1.2. Begrenzungsmarken

Die bisherigen Ausführungen könnten den Eindruck erwecken, daß auf Grund der Adressierbarkeit jedes einzelnen alphanumerischen Zeichens jeweils mit einem einzigen Befehl, der nur *eine* Adresse enthält, auch nur einzelne Zeichen aus dem Hauptspeicher abgerufen, verarbeitet bzw. eingespeichert werden können. Es ist jedoch sinnvoll, von vornherein dafür zu sorgen, daß durch *eine* Adressenangabe *Wörter* aus mehreren alphanumerischen Zeichen gelesen oder gespeichert werden können. Dazu gibt es prinzipiell zwei Möglichkeiten, die beide in konkreten Anlagen praktiziert wurden:

1. Zusätzliche Längenangabe. Ein Befehl, der sich auf eine Dateneinheit bezieht, die mehrere alphanumerische Speicherzellen einnimmt oder einnehmen soll, enthält die *Anfangs*adresse dieser Dateneinheit und eine ganzzahlige Längenangabe. Anfangsadresse und Längenangabe zusammengenommen stecken dann denjenigen (zusammenhängenden) Speicherbereich ab, auf den sich der Befehl zu beziehen hat. Zum Beispiel würde es sich auf diese Weise erreichen lassen, daß ein Lesebefehl mit der Adresse 4711 und der Längenangabe 12 alle diejenigen 12 alphanumerischen Zeichen anspricht, die in den Speicherstellen 4711 ... 4722 stehen (Bild 6a).

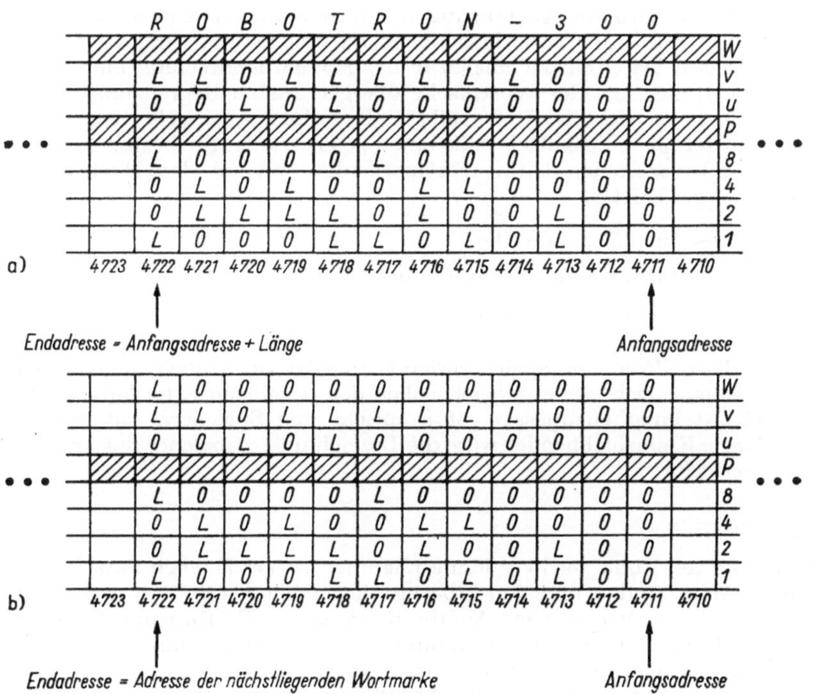

Bild 6

2. Begrenzungsmarken. Andererseits kann die Begrenzung von Dateneinheiten im Hauptspeicher durch ein zusätzliches Bit im letzten alphanumerischen Zeichen oder durch ein selbständiges alphanumerisches Zeichen *markiert* werden. Dieser Weg wurde beim ROBOTRON-300 eingeschlagen. Die einfachste derartige Begrenzungsmarke für einen Hauptspeicherbereich ist hier die *Wortmarke*. Die Wortmarke wird durch das Binärzeichen L im 8. Bit (Wortmarkenbit W) des letzten Zeichens eines Wortes dargestellt (vgl. Bild 6b). Die im Bild 6b dargestellte Dateneinheit kann in diesem Falle durch einen Befehl angesprochen werden, der die Anfangsadresse (4711) und einen Hinweis auf die Begrenzungsmarke (Wortmarke) enthält.
Zusätzlich zu den Wortmarken gibt es beim ROBOTRON-300 noch drei weitere Typen von Begrenzungsmarken für Datenstrukturen: Satzmarken, Gruppenmarken und Blockmarken. Mit Hilfe einer *Satzmarke* ist es möglich, Datenstrukturen, die aus mehreren Wörtern bestehen, abzugrenzen. Durch Angabe von Anfangsadresse und einen Hinweis auf die Satzmarke als Begrenzungsmarke in einem Befehl kann die gesamte, durch Satzmarke begrenzte Datenstruktur über alle darin vorkommenden Wortmarken hinweg angesprochen werden. Weiterhin können in entsprechender Weise Datenstrukturen über alle darin vorkommenden Wortmarken und Satzmarken hinweg durch eine *Gruppenmarke* begrenzt werden. Die *Blockmarke* schließlich ist allen bisher genannten Begrenzungsmarken übergeordnet und wird zur Abgrenzung von Datenstrukturen über alle Wort-, Satz- und Gruppenmarken hinweg benutzt. Blockmarken und die dadurch abgegrenzten Datenblöcke spielen in der Magnetbandtechnik eine grundsätzliche Rolle. Alle der Wortmarke übergeordneten Begrenzungsmarken stellen beim ROBOTRON-300 selbständige alphanumerische Zeichen dar und beanspruchen deshalb jeweils eine Speicherstelle. Sie bestehen jeweils aus dem Binärzeichen L im Wortmarkenbit und aus den Markenkennzeichen (vgl. Tafel 2)

$\sim$ für die Satzmarke,

$\approx$ für die Gruppenmarke und

$\approxeq$ für die Blockmarke.

Durch diese Form der Speicherorganisation ist es möglich, den für eine Dateneinheit verwendeten Speicherplatz den jeweiligen Erfordernissen der Aufgabenstellung anzupassen. Man spricht von Speichern mit *variabler Wortlänge*. Kennzeichnender wäre die Bezeichnung „Speicher mit variabler Datenstruktur“.

2.1.3. Prüfbit

Bisher ist die Rolle des in jedem alphanumerischen Zeichen zwischen den numerischen Stellen und den Überbits liegenden Prüfbits P (vgl. Bilder 5 und 6) übergangen worden. Auf die Belegung des Prüfbits mit den Binärzeichen O bzw. L hat der Programmierer keinen Einfluß. Das Prüfbit jedes alphanumerischen Zeichens wird von der Anlage selbst automatisch jeweils so belegt, daß stets die Anzahl der in einem alphanumerischen Zeichen vorkommenden Binärzeichen L *ungerade* wird. Diese Maßnahme dient der automatischen Fehlererkennung in der Anlage. Nach jedem Transport wird diese Ungeradzahligkeit für jedes einzelne alphanumerische Zeichen überprüft, so daß auf diese Weise Übertragungsfehler (sofern sie nur ein Bit betreffen) erkannt werden können.

2.1.4. Zahlendarstellungen

Bild 6 zeigt, daß eine alphanumerische Dateneinheit stets so im Hauptspeicher des ROBOTRON-300 steht, daß ihr am weitesten *links* stehendes Zeichen bei der Begrenzungsmarke beginnt. *Adressiert* wird jeweils das am weitesten *rechts* stehende Zeichen einer Dateneinheit.

Dieses Prinzip trifft insbesondere auf die Zahlenspeicherung zu.

Festkommazahlen. Festkommazahlen werden durch Folgen von Dezimalziffern dargestellt. Die dabei unter der *Anfangsadresse* stehende Ziffer wird stets als *Einerstelle* interpretiert. Die nach links bis zur Wortmarke folgenden Stellen (max. 120) sind in dieser Reihenfolge als Zehner, Hunderter, Tausender usw. zu deuten.

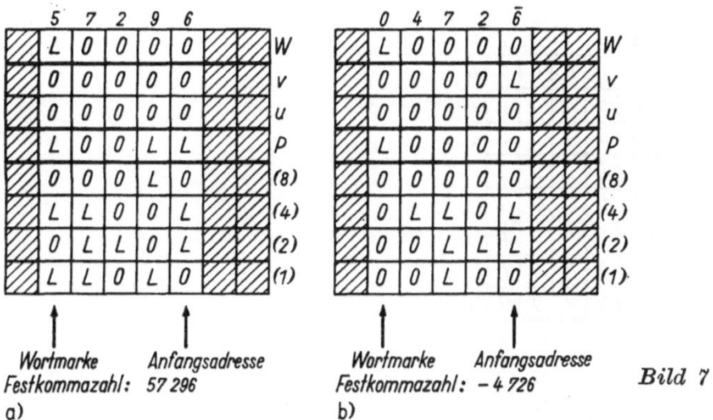

Bild 7

Alle Festkommazahlen werden also als *ganze* Zahlen interpretiert, deren Einerstelle in der durch die Anfangsadresse des jeweiligen Speicherbereichs gegebenen Speicherstelle steht. Die Tatsache, daß eine Ziffernfolge im Hauptspeicher als Festkommazahl interpretiert wird, hängt strenggenommen von der speziellen Art des Befehls ab, der auf diese Ziffernfolge Bezug nimmt. Der *Operationsteil* des Befehls legt fest, ob diese Ziffernfolge als Festkommazahl oder als Gleitkommazahl interpretiert werden soll. Im ersteren Falle legt die im Befehl angegebene *Adresse* fest, welche Ziffer als Einerstelle aufzufassen ist. Schließlich wird durch die *Wortmarke* gekennzeichnet, welche Ziffer als höchste Dezimalstufe aufzufassen ist (Bild 7).

Die bisherigen Ausführungen lassen noch keine *negativen* ganzen Zahlen zu. Die zusätzliche Information über ein negatives Vorzeichen belegt keine selbständige alphanumerische Speicherstelle, sondern wird durch Belegung des Überbits *v* mit dem Wert L in der Einerstelle der Zahl markiert

(Bild 7b). Die Verschlüsselung der Einerstelle einer negativen Festkommazahl ist also mit einem der Zeichen —, J, K, L, ..., R identisch (vgl. Tafel 2). Schwierigkeiten können daraus nicht erwachsen, da die Art der auszuführenden Operation festlegt, wie dieses Zeichen jeweils zu interpretieren ist.

Gleitkommazahlen. Die Operationsteile einiger Befehle (Gleitkommabefehle) interpretieren eine zwischen Anfangsadresse und Wortmarke im Hauptspeicher stehende Ziffernfolge als Gleitkommazahl. In diesem Falle wird die zwischen Anfangsadresse +2 und Wortmarke stehende Ziffernfolge als (ganzzahlige) *Mantisse m* aufgefaßt (vgl. Bild 8). Die beiden ganz

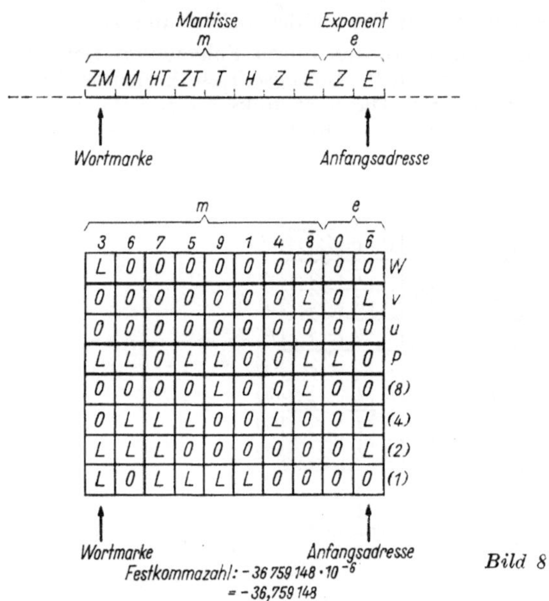

Bild 8

rechts liegenden Ziffern werden stets als (ganzzahliger) Exponent e gedeutet. Dieser stellt den Exponenten derjenigen Zehnerpotenz dar, mit der die Mantisse zu multiplizieren ist, um den so dargestellten Zahlwert z zu erhalten. Es gilt also $z = m \cdot 10^e$. Sowohl m als auch e können unabhängig voneinander durch $v = \mathrm{L}$ in der jeweiligen Einerstelle negative Werte annehmen.

Bei Gleitkommazahlen hat der Exponent e also stets die feste Länge von zwei Ziffern, während die Mantissenlänge variabel ist (max. 58 Stellen) und jeweils durch eine Wortmarke begrenzt wird.

2.2. Rechen- und Steuerwerk

Das Rechen- und Steuerwerk hat die Aufgabe, alle in der Befehlsliste der Anlage vorgesehenen *Elementaroperationen* in der vom Programm vorgesehenen Reihenfolge einzuleiten und ihre Ausführung zu überwachen. Als Elementaroperationen werden hier solche Operationen bezeichnet, die durch einen einzelnen Maschinenbefehl realisiert werden können.

Zu diesen Elementaroperationen gehören folgende Gruppen:

Eingabe- und Ausgabeoperationen. Dazu gehören alle diejenigen Elementaroperationen, die zum Datenaustausch zwischen der Zentraleinheit einerseits und den externen Speichermedien (Lochkarte, Lochstreifen, Magnetband, adressierbare Zusatzspeicher) andererseits beitragen.

Interne Transportoperationen. Hierzu gehören Umspeicheroperationen im internen Hauptspeicher sowie Transporte zwischen Hauptspeicher und den Registern des Rechenwerkes.

Verknüpfungsoperationen. Von diesen sind besonders die arithmetischen Operationen (Addition, Subtraktion, Multiplikation und Division), die logischen Operationen und Stellenverschiebungen zu nennen.

Testoperationen. Hierzu gehören vor allem Vergleichsoperationen für Dateneinheiten sowie Vorzeichentests. Testoperationen stellen die Grundlage dafür dar, daß Programme in Abhängigkeit von den ermittelten Zwischenergebnissen *verzweigt* werden können.

Sprungoperationen. Durch Sprungoperationen können Programmverzweigungen realisiert werden. Der auf einen Sprungbefehl folgende Befehl ist nicht, wie dies normalerweise der Fall ist, der im Speicher unmittelbar folgende Befehl, sondern derjenige, der durch den Sprungbefehl bezeichnet (adressiert) wird. Um die gewünschten Programmverzweigungen von bereits erzielten Zwischenergebnissen abhängig zu machen, können Sprungbefehle durch die Ergebnisse vorangegangener Testoperationen *bedingt* werden. Derartige Sprungbefehle werden nur dann ausgeführt, wenn ihre Sprungbedingung erfüllt ist; andernfalls werden sie einfach übergangen.

Da die grundsätzliche Arbeitsweise eines Rechen- und Steuerwerkes im Hinblick auf RA 5 und RA 12 als bekannt vorausgesetzt werden kann, sollen im folgenden nur die wichtigsten Funktionen zusammenfassend dargestellt werden. Dabei sollen einige Besonderheiten des ROBOTRON-300 hervorgehoben werden, ohne jedoch die Befehlsliste dieser Anlage hier im einzelnen zu erörtern.

2.2.1. Befehlsaufruf, Befehlsabarbeitung, Sprungbefehle

Die einzelnen Befehle eines ROBOTRON-Programms stehen vor ihrer Abarbeitung in der Reihenfolge, in der sie abgearbeitet werden sollen (falls keine Sprungbefehle Abweichungen von dieser Reihenfolge bewirken), im Hauptspeicher zur Verfügung. Jeder einzelne Befehl nimmt dabei die konstante Länge von 6 alphanumerischen Speicherstellen in Anspruch.

Jeder Befehl enthält einen *Adreßteil* und einen *Operationsteil* (Bild 9). Im Adreßteil wird im einfachsten Falle eine Hauptspeicheradresse angegeben, die als Anfangsadresse derjenigen Information im Hauptspeicher angesehen werden muß, auf die sich dieser Befehl bezieht (Anfangsadresse des Operanden). Im Operationsteil wird die Art der auszuführenden Elementaroperation und die Begrenzungsmarke des Operanden verschlüsselt. Die einzelnen Befehle werden nacheinander in der Reihenfolge, in der sie im Speicher stehen (allerdings unter zusätzlicher Berücksichtigung von Sprungbefehlen) in das *Befehlsregister (BR)* des Steuerwerkes übertragen. Dort wird der Befehl entschlüsselt, und die Ausführung der zugehörigen

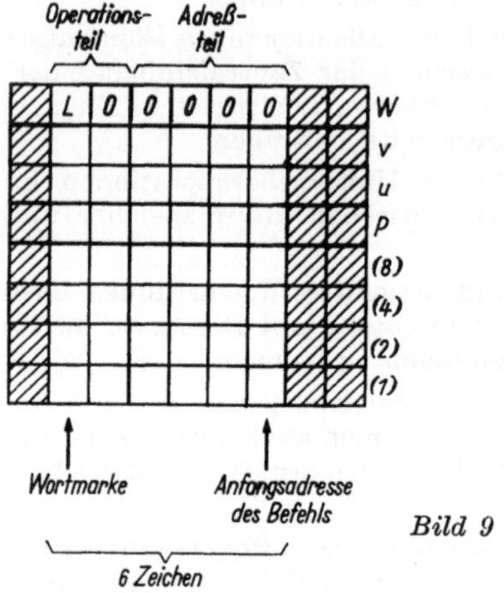

Bild 9

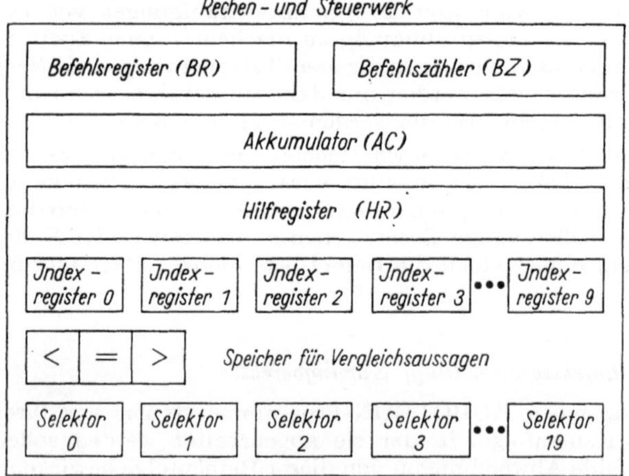

Bild 10

Elementaroperation wird eingeleitet. Danach kann der nächste Befehl ins Befehlsregister transportiert werden usw. Der Aufruf und die Abarbeitung der einzelnen Befehle eines Programms erfolgen also im Prinzip nach folgendem Schema (vgl. Bild 10):

(1) Zunächst wird die Adresse des ersten abzuarbeitenden Befehls in den *Befehlszähler (BZ)* des Steuerwerkes übertragen und damit der Startpunkt des Programms festgelegt. Weiter bei (2).

(2) Derjenige Befehl, dessen Hauptspeicheradresse im Befehlszähler steht, wird in das *Befehlsregister* des Steuerwerkes übertragen. Weiter bei (3).

(3) Der im Befehlsregister stehende Befehl wird entschlüsselt. Weiter bei (4).

(4) Ist der entschlüsselte Befehl ein Sprungbefehl?
Wenn ja, dann weiter bei (5).
Wenn nein, dann weiter bei (7).

(5) Ist die Sprungbedingung erfüllt?
Wenn ja, dann weiter bei (6).
Wenn nein, dann weiter bei (8).

(6) Die im Sprungbefehl *angegebene* Adresse wird in den Befehlszähler transportiert. Weiter bei (2).

(7) Die dem Operationsteil des Befehls entsprechende Elementaroperation mit dem durch den Adreßteil bezeichneten Operanden ist auszuführen. Weiter bei (8).

(8) Zum Inhalt des Befehlszählers ist die Zahl 6 zu addieren (Anfangsadresse des nächsten Befehls berechnen). Weiter bei (2).

Das angegebene Schema wird so lange zyklisch durchlaufen, bis ein Haltbefehl die Programmsteuerung der Anlage abschaltet.

2.2.2. Abarbeitung von Verknüpfungsbefehlen im Rechenwerk

Da bei Einadreßanlagen (wie z. B. ROBOTRON-300) in jedem Befehl nur *eine* Adressenangabe enthalten ist, kann in einem arithmetischen oder logischen Verknüpfungsbefehl auch nur *ein* Operand im Hauptspeicher angesprochen werden. Da fast alle Verknüpfungsoperationen mindestens zwei Operanden zu verarbeiten haben (Addition, Subtraktion, Multiplikation, Division), werden derartige Datenverknüpfungen also durch jeweils mehrere Befehle zu realisieren sein.
Zunächst wird der 1. Operand durch einen internen Transportbefehl aus dem Hauptspeicher in ein zentrales Register des Rechenwerkes, den sog. *Akkumulator (AC)*, transportiert (Bild 10). Anschließend kann dann z. B. durch einen Additionsbefehl der 2. Operand, dessen Hauptspeicheradresse in diesem Additionsbefehl angegeben ist, zu dem bereits im *AC* stehenden Operanden addiert werden. Nach Ausführung dieser Operation geht der ursprünglich im *AC* stehende 1. Operand verloren, und es steht statt dessen die errechnete Summe im *AC* zur Verfügung. Die Addition mehrerer Operanden läßt sich damit auf eine Folge von jeweils zweigliedrigen Additionen zurückführen, indem jeweils der nächstfolgende Operand zu der bereits im *AC* stehenden Zwischensumme addiert wird. Sinngemäß das gleiche trifft auf Subtraktionen sowie auf gemischte Folgen von Additionen und Subtraktionen zu.
Multiplikation und Division erfordern für ihre interne Realisierung und (im Falle der Division) auch zur Bereitstellung des Ergebnisses (Quotient und Divisionsrest) beim ROBOTRON-300 noch ein weiteres Register im Rechenwerk, das sog. *Hilfsregister (HR)*.
Akkumulator und Hilfsregister haben beim ROBOTRON-300 jeweils ein Fassungsvermögen von 120 alphanumerischen Stellen. Die innere Struktur

dieser beiden Register ist insgesamt und innerhalb der einzelnen alphanumerischen Stelle sowohl technisch als organisatorisch die gleiche wie im internen Hauptspeicher. Insbesondere können im *AC* Begrenzungsmarken zur Abgrenzung der gesamten darin enthaltenen Dateneinheit sowie zur Kennzeichnung der inneren Struktur dieser Dateneinheit verwendet werden.
Wesentlich ist allerdings, daß bei Transportoperationen zwischen Hauptspeicher und Akkumulator letzterer in sich nicht adressiert werden kann. Alle in den *AC* transportierten Dateneinheiten haben die Löschung seines bisherigen Inhalts zur Folge und werden stets vom Akkumulator-Anfang an in diesen übertragen. Umgekehrt wird bei Transporten vom *AC* in den Hauptspeicher stets am Anfang begonnen.
Es sei noch darauf hingewiesen[1]), daß die von *AC* Addition, die Subtraktion, die Transportoperationen und z. T. auch die logischen Operationen als *Mehrwort*operationen beim ROBOTRON-300 möglich sind. Bei den Verknüpfungen unterscheidet man zwischen „zeilengerechten" und „spaltengerechten" Mehrwortoperationen. Bei einer *zeilengerechten* Mehrwortoperation werden alle zwischen Anfangsadresse und Begrenzungsmarke liegenden Datenworte als Operanden aufgefaßt und (z. B.) addiert. Die in einem Mehrwortbefehl anzugebende Begrenzungsmarke muß natürlich eine der Wortmarke übergeordnete Marke sein (z. B. Satzmarke, Gruppenmarke, Blockmarke). Bei einer *spaltengerechten* Mehrwortoperation werden dagegen die einzelnen Wörter einer zusammenhängend gespeicherten Folge von Datenwörtern im Hauptspeicher mit den jeweils entsprechend angeordneten Wörtern einer im *AC* stehenden Folge von Datenwörtern verknüpft. Abschließend steht im *AC* die dabei errechnete Folge von Ergebniswörtern. Alle diese Folgen von Datenwörtern müssen natürlich von Begrenzungsmarken, die den Wortmarken übergeordnet sind, begrenzt werden.

Tafel 3

a	b	$a \vee b$
0	0	0
0	L	L
L	0	L
L	L	L

Logische Disjunktion $a \vee b$

a	b	$a \wedge \bar{b}$
0	0	0
0	L	0
L	0	L
L	L	0

Logische Inhibition $a \wedge \bar{b}$

An logischen Operationen sind beim ROBOTRON-300 die logische *Disjunktion* (logische ODER-Verknüpfung vgl. RA 5) und die logische *Inhibition* (*Konjunktion,* bei der eines der Glieder negiert wird) möglich. Die Disjunktion ist auch als Mehrwortoperation sowohl spaltengerecht als auch zeilengerecht, die Inhibition dagegen nur spaltengerecht möglich. In beiden Fällen handelt es sich um Operationen, bei denen (selbstverständlich bis auf das Prüfbit) alle korrespondierenden Binärstellen

[1]) Die folgenden beiden Absätze können beim ersten Lesen ohne wesentlichen Informationsverlust für die weiteren Abschnitte dieses Bandes auch übergangen werden.

korrespondierender Zeichen in den einzelnen Operanden unabhängig voneinander nach den in Tafel 3 zusammengestellten Regeln verknüpft werden.

Die arithmetischen Operationen können beim ROBOTRON-300 sowohl als Festkommaoperationen wie auch als Gleitkommaoperationen befohlen werden. Davon abhängig werden die entsprechenden Operanden im Hauptspeicher und im *AC* als Festkomma- bzw. Gleitkommazahlen interpretiert. Gleitkommaoperationen sind nur als Einwortoperationen ausführbar.

Diese Ausführungen sollten nur einen groben Überblick über die bei ROBOTRON-300 zur Verfügung stehenden Verknüpfungsoperationen vermitteln. Da die eigentlichen Programmierungsprobleme im folgenden auf der Grundlage der maschinenunabhängigen, problemorientierten Programmsprache COBOL behandelt werden, kann auf eine detailliertere Beschreibung der ROBOTRON-Befehlsliste hier verzichtet werden. Ein vollständiger Programmierungslehrgang für ROBOTRON-300 würde sowohl räumlich als auch konzeptionell den Rahmen dieses Bandes sprengen.

2.2.3. Möglichkeiten der Hauptspeicheradressierung

Von wenigen Ausnahmen abgesehen, bezieht sich jeder ROBOTRON-Befehl auf einen bestimmten Hauptspeicherbereich, der durch Angabe seiner Anfangsadresse sowie einer Begrenzungsmarke zu fixieren ist. Bisher wurde stets davon ausgegangen, daß diese Anfangsadresse in direkter Form in den Befehl eingetragen werden müsse *(Adressenkonstante)*. Da im Laufe der Programmabarbeitung sehr häufig die Notwendigkeit auftritt, die Adressen bestimmter Befehle zu *ändern*, müssen Möglichkeiten geschaffen werden, die Adressenkonstanten eines Befehls zu modifizieren. Dies kann grundsätzlich dadurch erreicht werden, daß man die Adreßteile der Befehle bestimmten Rechenoperationen (insbesondere Addition, Subtraktion) zugänglich macht.

Um für derartige Adressenumrechnungen nicht ständig zusätzliche Befehle in die Programme einfügen zu müssen, besitzen die meisten elektronischen Datenverarbeitungsanlagen dafür besondere Möglichkeiten. Beim ROBOTRON-300 sind in jedem Befehl folgende Modifikationen für die in der Adressenkonstanten angegebene Adresse möglich: *Relative Indexoperation, zyklische Indexoperation* und *Adressensubstitution.*

Relative Indexoperation. Im Adreßteil des Befehls wird eine *Adressenkonstante*, die Nummer eines *Indexregisters* und ein Hinweis auf relative Indexoperation angegeben. Indexregister sind besondere Register des Rechenwerkes, in denen jeweils Hauptspeicheradressen untergebracht werden können. Insbesondere besteht mit Hilfe spezieller Transportbefehle (Adressentransportbefehle) die Möglichkeit, bestimmte Adressenangaben (z. B. aus dem Hauptspeicher) in ein bestimmtes Indexregister zu laden. Der ROBOTRON-300 verfügt über insgesamt 10 Indexregister, die mit den Nummern 0, 1, 2, ..., 9 versehen sind.

Wird nun im Adreßteil eines Befehls *relative* Indexoperation verlangt, so wird die Anfangsadresse des Hauptspeicherbereichs (*A*), auf die sich dieser Befehl zu beziehen hat, aus der angegebenen Adressenkonstanten

(AK) und dem *Inhalt* des angegebenen Indexregisters $(\langle IR\, n\rangle)$ auf folgende Weise berechnet:

$$A \Leftarrow \langle IR\, n\rangle + AK\,.$$

Dabei ist n die im Befehl angegebene Nummer des zur relativen Indexoperation zu verwendenden Indexregisters[1]).

Ein Beispiel soll die Anwendbarkeit der relativen Indexoperation zeigen. Von einer bestimmten Adresse an sei im Hauptspeicher eine Tabelle von 100 Festkommazahlen (in lückenloser Aufeinanderfolge) gespeichert. Jede einzelne Festkommazahl sei 7stellig und durch eine Wortmarke abgeschlossen. Die gesamte Tabelle sei durch eine Satzmarke begrenzt (Bild 11).

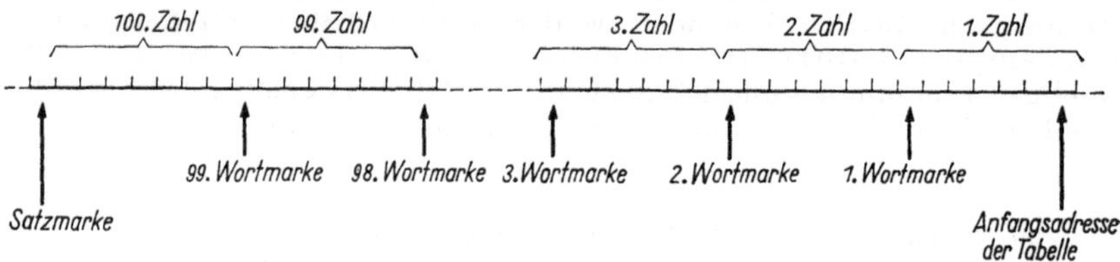

Bild 11

Soll nun in einem Befehl auf die 9. Zahl dieser Tabelle Bezug genommen werden, so genügt es, im Adreßteil dieses Befehls als Adressenkonstante die *relative* Adresse dieser Zahl innerhalb dieser Tabelle anzugeben. Da jede Zahl 7stellig ist und die neunte davon gemeint ist, beträgt diese relative Adresse $(9 - 1) \cdot 7 = 56$. Auf diese Weise würde die erste Zahl dieser Tabelle, deren Adresse mit der Anfangsadresse der Tabelle übereinstimmt, die relative Adresse $(1 - 1) \cdot 7 = 0$ erhalten.

Steht nun die Anfangsadresse der Tabelle in einem der Indexregister (z. B. im *IR 4*) und wird in einem derartigen Befehl relative Indexoperation mit *IR 4* befohlen, so errechnet sich die Maschine aus der als Adressenkonstante angegebenen relativen Adresse und aus der im Indexregister bereitstehenden Anfangsadresse der Tabelle die genaue Adresse der gewünschten (z. B. neunten) Zahl der Tabelle selbst.

Zyklische Indexoperation. Soll die endgültige Adresse eines Befehls durch *zyklische* Indexoperation berechnet werden, so sind in seinem Adreßteil wie bei relativer Indexoperation eine Adressenkonstante und die Nummer eines Indexregisters sowie ein Hinweis auf zyklische Indexoperation anzugeben. Die Berechnung der Anfangsadresse des Speicherbereichs, auf den sich dieser Befehl bezieht, erfolgt wie bei relativer Indexoperation:

$$A \Leftarrow \langle IR\, n\rangle + AK\,.$$

Anschließend wird jedoch die errechnete Adresse A in das angegebene Indexregister n transportiert:

$$\langle IR\, n\rangle \Leftarrow A\,.$$

[1]) Spitze Klammern sollen hier stets andeuten, daß der Inhalt des jeweiligen Speicherelementes bzw. Speicherbereiches (z. B. des Indexregisters n) gemeint ist.

Für diese zyklische Indexoperation läßt sich folgender typischer Anwendungsfall angeben.

Die 100 7stelligen Festkommazahlen ($a_1, \ldots, a_{100}$) der im Bild 11 angegebenen Tabelle sollen addiert werden. Bild 12 zeigt einen Programmablaufplan, der das Gewünschte leistet. Im Zyklusteil dieses Programms tritt

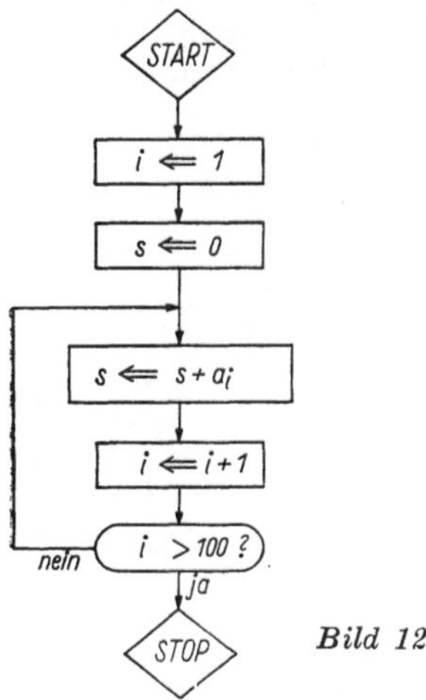

Bild 12

mit $s \Leftarrow s + a_i$ ein Befehl auf, der für jeden Durchlauf durch diesen Zyklus denselben Operationsteil besitzen kann. Es muß nur dafür gesorgt werden, daß bei jedem neuen Durchlauf durch diesen Zyklus die nächstfolgende Zahl der Tabelle angesprochen wird ($i \Leftarrow i + 1$). Da die einzelnen 7stelligen Zahlen der Tabelle lückenlos nacheinander gespeichert sind, muß bei jedem neuen Zyklusdurchlauf die Adresse dieses Befehls um 7 erhöht werden. Dies kann mit zyklischer Indexoperation dadurch erreicht werden, daß in das verwendete Indexregister die um 7 verminderte Anfangsadresse der Tabelle eingegeben wird. Als Adressenkonstante wird im Befehl eine 7 angegeben. Auf diese Weise wird die erforderliche Adressenfortschaltung bei jedem Zyklusdurchlauf automatisch von der Anlage realisiert.

Adressensubstitution. *Zusätzlich* zu den genannten Adressierungsmethoden (nur Adressenkonstante, relative Indexoperation, zyklische Indexoperation) *kann* im Adreßteil des Befehls ein Hinweis auf Adressen*substitution* enthalten sein. Ist dies der Fall, so bezieht sich dieser Befehl nicht auf die errechnete Adresse

$$A = \langle IR\, n \rangle + AK\,,$$

sondern auf *diejenige Adresse A', die unter der Adresse A im Hauptspeicher steht.* Im Befehl wird also gewissermaßen die Adresse derjenigen Adresse angegeben, auf die sich der Befehl zu beziehen hat („Adresse von Adresse").

2.2.4. *Sprungbedingungen, Bedingungsspeicher*

Bereits bei der Besprechung der Befehlsabarbeitung wurde erwähnt, daß Sprungbefehle *bedingt* erteilt werden können.

Die einfachste Sprungbedingung besteht in einer im Sprungbefehl enthaltenen Testoperation. Diese Testoperation darf nur zwei mögliche Ergebnisse haben, nämlich „Test erfüllt" oder „Test nicht erfüllt". Im ersten Falle ist der Sprung auszuführen, im anderen Falle wird der Sprungbefehl ignoriert. Beim ROBOTRON-300 sind z. B. die drei Testoperationen $\langle AC \rangle < 0$, $\langle AC \rangle = 0$, bzw. $\langle AC \rangle > 0$ als Sprungbedingungen möglich.

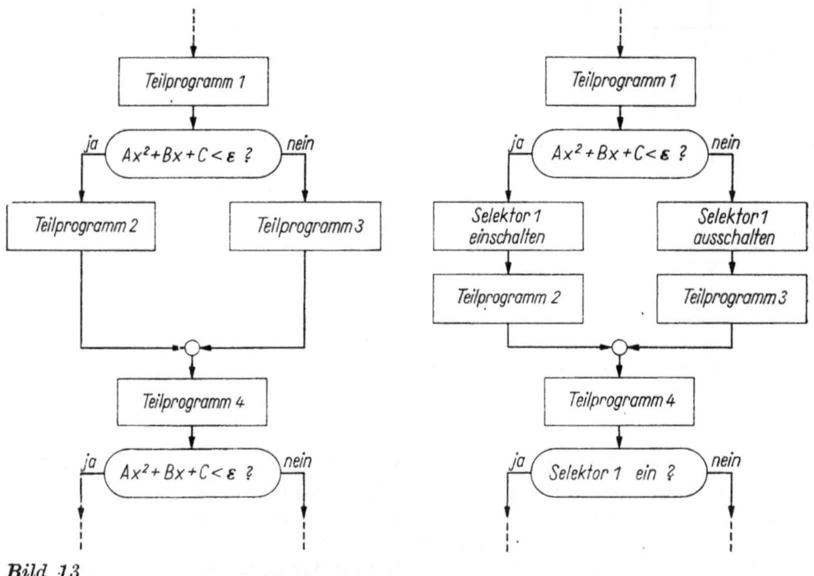

Bild 13

Bei jedem derartig bedingten Sprungbefehl wird also zunächst der Akkumulatorinhalt dahingehend getestet, ob die angegebene Bedingung (z. B. $\langle AC \rangle < 0$) erfüllt ist.

Eine *zweite* Art von Sprungbedingungen ist dadurch gekennzeichnet, daß die eigentliche Testoperation durch einen gesonderten Befehl bereits vorher ausgeführt und das dabei erzielte Testergebnis gespeichert wurde. Der später folgende Sprungbefehl hat dann nur noch das bereits ermittelte und gespeicherte Testergebnis abzufragen. Dieser Fall einer selbständigen Testoperation ist beim ROBOTRON-300 durch die *Vergleichsoperationen* gegeben. Werden durch einen Vergleichsbefehl z. B. zwei numerische Dateneinheiten miteinander verglichen, so wird das Vergleichsergebnis ($<$, $>$ oder $=$) in einem zentralen Speicher für Vergleichsaussagen im Rechenwerk (Bild 10) gespeichert. Die jeweils erzielte Vergleichsaussage bleibt so lange erhalten, bis sie durch das Ergebnis eines erneuten Vergleichsbefehls überschrieben wird. Ein (rechtzeitig erteilter!) Sprungbefehl kann dann durch eine der drei möglichen Vergleichsaussagen bedingt werden.

Da eine auf diese Weise gespeicherte Vergleichsaussage durch die jeweils folgende Vergleichsoperation zerstört wird, kann es sich hier zwangsläufig nur um eine *kurzzeitige* Bedingungsspeicherung handeln.
Für die Programmierung logisch stark verzweigter Programme ist es oftmals äußerst vorteilhaft, wenn auch die Möglichkeit besteht, gewisse Verzweigungsbedingungen über *längere* Zeit unabhängig von zwischenzeitlich erfolgten Testoperationen speichern zu können. Es tritt häufig der Fall auf, daß an weit auseinanderliegenden Stellen desselben Programms mehrfach dieselbe Verzweigungsbedingung erforderlich wird. Hier gilt es zu vermeiden, daß diejenigen Dateneinheiten, von denen diese Verzweigungsbedingung abhängt, nur deshalb im Hauptspeicher aufbewahrt werden müssen, damit derselbe Test später noch einmal realisiert werden kann. Deshalb besitzt der ROBOTRON-300 die Möglichkeit, mehrfach auftretende Verzweigungsbedingungen in sog. *Selektoren* (Bild 10) zu speichern. Jeder der insgesamt 20 unabhängig voneinander zur Verfügung stehenden Selektoren besitzt zwei stabile Zustände [„ein“ (L) bzw. „aus“ (O)] und kann durch entsprechende Befehle ein- bzw. ausgeschaltet werden.
Bild 13 zeigt ein Beispiel für die Anwendung von Selektoren.

2.2.5. Unterprogrammsprünge

Häufig ist es erforderlich, dieselbe Befehlsfolge an verschiedenen Teilen des Gesamtprogramms mehrfach zu verwenden (z. B. Befehlsfolge zur Berechnung der Quadratwurzel, Lösung eines linearen Gleichungssystems, Sortieren). Derartige in verschiedenen Programmteilen vorkommende gleichartige Befehlsfolgen nennt man *Unterprogramme.* Unterprogramme für die am häufigsten auftretenden Teilprobleme liegen beim Entwurf eines neuen Programmsystems häufig schon fertig programmiert in der Programmbibliothek vor. Es kommt dann darauf an, diese vorgefertigten Programmteile sinnvoll in das zu entwerfende Programmsystem (Hauptprogramm) einzufügen. Dafür gibt es zwei grundsätzliche Möglichkeiten: die *offene* Unterprogrammtechnik und die *geschlossene* Unterprogrammtechnik.
Im ersten Falle wird das vorgefertigte Unterprogramm so oft in das Hauptprogramm eingefügt, wie es von diesem benötigt wird (Bild 14a). Bei der geschlossenen Unterprogrammtechnik wird dagegen das mehrfach verwendete Unterprogramm nur *einmal* in das Hauptprogramm eingefügt. Alle diejenigen Stellen des Hauptprogramms, an denen dieses Unterprogramm benötigt wird, werden durch Sprungbefehle mit diesem verbunden (Bild 14b). Bei dieser im Sinne der Speicherausnutzung rationelleren Form der geschlossenen Unterprogrammtechnik bleiben zunächst zwei Fragen offen:

1. Nach der Abarbeitung des Unterprogramms muß das Hauptprogramm hinter der Stelle, bei der der Aufruf des Unterprogramms erfolgte, weiter fortgesetzt werden. Da dasselbe Unterprogramm aber von *verschiedenen* Stellen des Hauptprogramms aufgerufen werden kann, ergibt sich also die Frage nach der jeweiligen *Rücksprungadresse* ins Hauptprogramm.
2. Wie können dem Unterprogramm diejenigen Dateneinheiten übergeben werden, die beim *jeweiligen Aufruf* dieses Unterprogramms zu ver-

arbeiten sind? Da z. B. das Wurzelunterprogramm nur einmal im Speicher steht, aber von den verschiedensten Stellen des Hauptprogramms aufgerufen werden soll, muß ihm ja jeweils mitgeteilt werden, aus *welcher* Zahl bei *diesem* Aufruf die Wurzel gezogen werden soll.

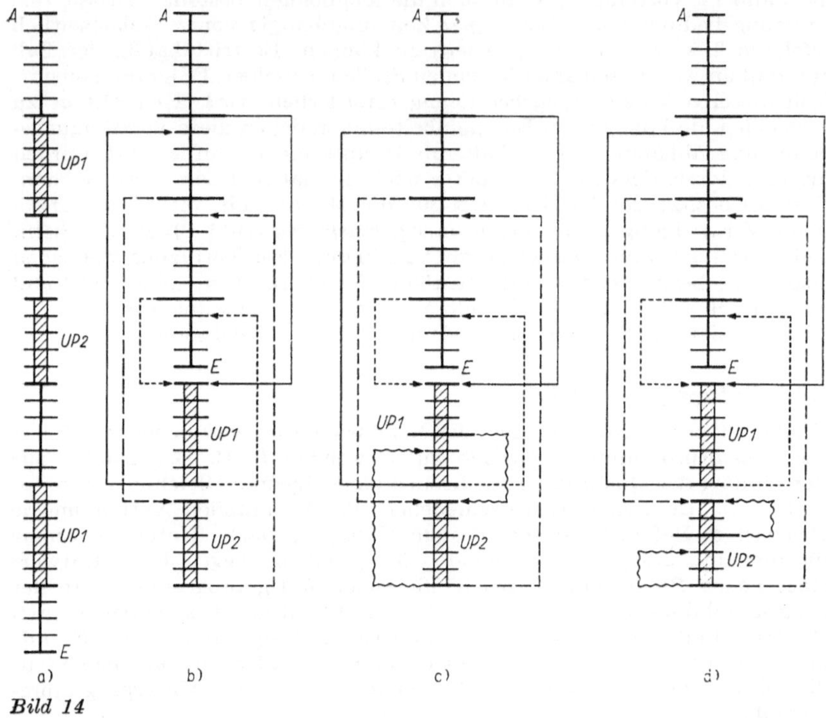

Bild 14

Das *erste* Problem der geschlossenen Unterprogrammtechnik wird beim ROBOTRON-300 dadurch gelöst, daß zum Aufruf eines Unterprogramms ein spezieller Sprungbefehl verwendet wird, der als *UP-Sprung* oder auch als *Sprung mit Rückkehrabsicht* bezeichnet wird. Ein solcher Sprungbefehl bewirkt zusätzlich, daß die *Adresse* des ihm folgenden Befehls im Hauptprogramm automatisch in einem bestimmten Indexregister (*IR 7*) aufbewahrt wird. Der jeweils richtige Rücksprung kann dann stets durch relative Adressenmodifikation im universellen Rücksprungbefehl (*IR 7* und Adressenkonstante O) erfolgen.

Das *zweite* Problem kann im einfachsten Falle dadurch gelöst werden, daß die von den einzelnen geschlossenen Unterprogrammen jeweils benötigten Operanden oder deren Adressen an einer für jedes Unterprogramm festgelegten Stelle des Hauptspeichers vor Eintritt in das Unterprogramm bereitgestellt werden. Auf diese Weise stehen für jedes Unterprogramm die Adressen der zu verarbeitenden Operanden oder die Adressen dieser Adressen ein für allemal fest. Im letzteren Falle („Adresse von Adresse“) können die Operanden durch Adressensubstitution im entsprechenden Befehl des Unterprogramms erreicht werden. Der wesentlichste Vorteil der *geschlossenen* Unterprogrammtechnik besteht offenbar darin, daß jedes mehrfach in einem Programmsystem benötigte Unterprogramm nur *einmal* im Speicher zu stehen braucht, während es bei der *offenen* Unterprogrammtechnik so oft im Speicher stehen muß, wie es an verschiedenen Teilen des Hauptprogramms benötigt wird. Im Hinblick auf die rationelle Hauptspeicherausnutzung wäre deshalb die geschlossene Unterprogrammtechnik vorzuziehen. Man hat jedoch zu beachten, daß bei der geschlossenen Unterprogrammtechnik der Aufruf jedes Unterprogramms mit zusätzlichen Organisationsbefehlen (Hin- und Rücksprungbefehle, Operandenübergabe) verbunden ist, die in der offenen Unterprogrammtechnik entfallen können. Der genannte Vorteil der geschlossenen Unterprogrammtechnik kommt deshalb erst dann wirklich zum Zuge, wenn die Anzahl der Befehle in den aufzurufenden Unterprogrammen groß ist im Vergleich zur Anzahl der erforderlichen Organisationsbefehle zum Aufruf dieser Unterprogramme. In jedem Falle ist ein nach den Prinzipien der offenen Unterprogrammtechnik aufgebautes Programmsystem zeitlich effektiver, da die Organisationsbefehle entfallen.

Der zuletzt genannte Gesichtspunkt darf jedoch nicht überschätzt werden, da dem Programmierer in der geschlossenen Unterprogrammtechnik, insbesondere bei umfangreichen Programmsystemen, ein erheblicher Teil zeitraubender und fehleranfälliger Organisationsarbeit beim Zusammenfügen des Programmsystems von der Maschine abgenommen wird. Das gilt besonders dann, wenn die einzelnen Unterprogramme ihrerseits wieder weitere Unterprogramme aufrufen (Bild 14c). Besonders interessant und vielseitig anwendbar ist der Fall, daß ein bereits aufgerufenes Unterprogramm sich selbst wieder als Unterprogramm aufruft (Bild 14d). Für die letzten beiden Fälle reichen die oben beschriebenen Maßnahmen zur Rücksprungorganisation und zur Operandenübergabe nicht mehr aus. Auf Einzelheiten kann hier jedoch nicht näher eingegangen werden.

2.3. Bedienungspult

Das Bedienungspult ermöglicht es dem Maschinenbediener, die Anlage in Betrieb zu setzen, das laufende Programm oder eine Programmtestung zu überwachen, durch Handsteuerung verschiedene Betriebszustände der Anlage herbeizuführen, mit Hilfe von Kontrollanzeigen oder über die Bedienungspultschreibmaschine Informationen über die Arbeitsweise der Anlage zu empfangen oder zusätzliche Informationen über entsprechende Tastaturen in die Anlage einzugeben.

Außerdem hat der Maschinenbediener die Möglichkeit, durch Betätigung sog. *Wahlschalter* am Bedienungspult verschiedene Varianten des zu realisierenden Programms auszuwählen. Die Stellung dieser Wahlschalter kann vom Programm her getestet werden. Der Programmierer hat damit die Möglichkeit, verschiedene Varianten eines Programms zu einem Gesamtprogrammsystem zusammenzufassen. Die Auswahl der jeweils gewünschten Variante kann dann unmittelbar vor dem Beginn der Programmabarbeitung (u. U. sogar während der Abarbeitung selbst) durch entsprechende Betätigung der Bedienungspultwahlschalter vollzogen werden.

Auf Einzelheiten, die den Aufbau und die Ausstattung von Bedienungspulten betreffen, soll hier nicht näher eingegangen werden.

3. Lochkarteneingabe, Lochkartenausgabe

Im Abschn. 1 wurde die Verarbeitung von *files*, d. h. also von Folgen von *Datensätzen (records)*, als typisch für die elektronische Datenverarbeitung herausgestellt.

Sehr häufig werden die zu verarbeitenden *files* über Lochkarten in die Anlage eingegeben, während die aus dem Verarbeitungsprozeß resultierenden *files* (Ergebnis*files*) auf Lochkarten ausgegeben werden. Dabei hat man in der Regel den Umstand zu verzeichnen, daß ein einzelner Datensatz als Sammlung von Dateneinheiten über ein einzelnes Individuum jeweils in einer Lochkarte verschlüsselt vorliegt. Der gesamte Lochkartenstapel repräsentiert dann den *file*.

Im folgenden soll das Zusammenwirken von Lochkarteneingabegeräten und Lochkartenausgabegeräten mit der Zentraleinheit einer elektronischen Datenverarbeitungsanlage näher beschrieben werden.

3.1. Lochkartenschlüssel

Die in einer elektronischen Datenverarbeitungsanlage darstellbaren alphanumerischen Zeichen können jeweils durch bestimmte Lochkombinationen in jeweils einer *Spalte* der Lochkarte dargestellt werden.

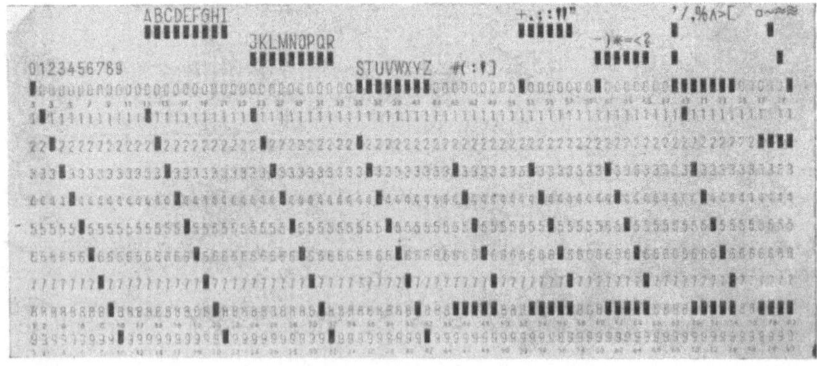

Bild 15

Ein Lochkartenschlüssel für die 64 alphanumerischen Zeichen ist im Bild 15 dargestellt. Ein Vergleich mit der in Tafel 2 (Seite 18) dargestellten *internen* Verschlüsselung dieser Zeichen läßt folgende Regeln für den Aufbau des Lochkartenschlüssels erkennen:

1. Die Werte 0 ... 9 im numerischen Teil der internen Zeichendarstellung werden durch Lochung in den Ziffernpositionen 0 ... 9 der entsprechenden Lochkartenspalte dargestellt.
2. Die Pseudotetraden 10 ... 15 im numerischen Teil der internen Zeichendarstellung werden durch Doppellochung in den Ziffernpositionen der entsprechenden Spalte (8 und 2, 8 und 3, ..., 8 und 7) dargestellt.
3. Ist zusätzlich die Überbitkombination $u =$ L, $v =$ O gegeben, so wird in der entsprechenden Spalte zusätzlich die Überlochstelle *12* gelocht.
4. Ist zusätzlich die Überbitkombination $u =$ O, $v =$ L gegeben, so wird in der entsprechenden Spalte zusätzlich die Überlochstelle *11* gelocht.
5. Ist zusätzlich die Überbitkombination $u = v =$ L gegeben, so wird (falls der numerische Teil der internen Zeichendarstellung einen Wert größer als Null besitzt) zusätzlich die Ziffernposition O gelocht. Besitzt bei derselben Überbitkombination der numerische Teil der internen Zeichendarstellung den Wert O, so werden in diesem Falle die Überlochstellen *11* und *12* gelocht.

Es besteht keine Möglichkeit, die im Hauptspeicher benötigten Begrenzungsmarken zur Abgrenzung und hierarchischen Gliederung der in einer Lochkarte enthaltenen Dateneinheiten ebenfalls über die Lochkarte einzugeben. Das erforderliche Markenraster wird durch entsprechende Markensetzbefehle vor der Eingabe eines Lochkarteninhalts im Hauptspeicher erzeugt. Beim Entwurf der Lochkarte muß jedoch beachtet werden, daß in allen den Stellen, wo später im internen Hauptspeicher eine Begrenzungsmarke mit eigenem Speicherbedarf (Satzmarke, Gruppenmarke, Blockmarke) stehen soll, eine Leerspalte (nichtgelochte Spalte) frei gelassen wird.

3.2. Lochkarten-Lese-Stanz-Einheit (LSE)

Die Eingabe von Lochkarteninformationen in den Hauptspeicher und die Ausgabe von Hauptspeicherinformationen auf Lochkarten erfolgen beim ROBOTRON-300 mit Hilfe einer kombinierten Lochkarten-Lese-Stanz-Einheit (*LSE*). Bild 16 zeigt schematisch den Aufbau dieser *LSE*. Sie enthält zwei gegenläufig angeordnete Kartenzuführungsbahnen, eine *Lesebahn* und eine *Stanzbahn*.

Die vom Kartenmagazin der *Lesebahn* zugeführten Lochkarten können nur gelesen werden. Zu diesem Zweck verfügt die Lesebahn über zwei Abfühlstationen *A 1* und *A 2*, die jeweils alle 80 Spalten einer Karte mechanisch abfühlen und die enthaltenen Informationen dem angeschlossenen Eingabepuffer (*EP 1*) übergeben. Jede einlaufende Lochkarte wird auf diese Weise zweimal unabhängig abgefühlt. Die von der zweiten Abfühlstation *A 2* gelesene Information kann dann bei jeder Karte mit der von der ersten Abfühlstation *A 1* gelesenen Information verglichen werden; damit wird die Sicherheit der Informationseingabe wesentlich erhöht.

Für die *Stanzbahn* der *LSE* gibt es drei typische Anwendungsfälle.

1. Stanzen von Leerkarten oder teilweise vorgelochten Karten. In diesem Falle werden der Stanzbahn von seinem Kartenmagazin Leerkarten zugeführt.

In diese Leerkarten wird mit Hilfe der Stanzstation (*S*) der jeweilige Inhalt des der Stanzbahn zugeordneten Ausgabepuffers (*AP*) eingestanzt. Eine nachfolgende Kontrollabfühlstation (*KA*) liest die soeben gestanzte Karte nochmals und vergleicht die gelesene Information mit dem Inhalt des Ausgabepuffers. Dadurch werden Ausgabefehler weitgehend vermieden.

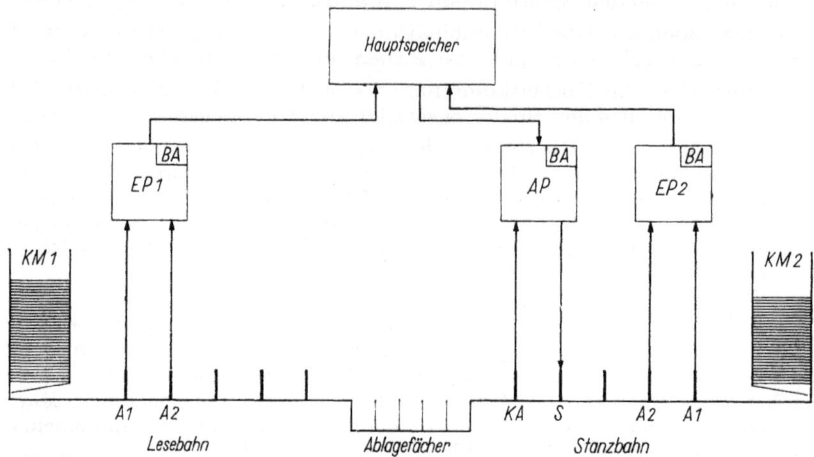

Bild 16

2. Stanzen in gelesene Karten. In diesem Falle werden alle Stationen der Stanzbahn benötigt. Im Kartenmagazin liegen teilweise ausgelochte Karten bereit. Die Inhalte dieser Karten werden zunächst mit Hilfe zweier unabhängiger Abfühlstationen gelesen, kontrolliert und dem an die Stanzbahn angeschlossenen Eingabepuffer *EP 2* übergeben. Während die jeweils gelesene Karte über eine Zwischenstation die Stanzstation erreicht, können aus den gelesenen Informationen weitere Informationen berechnet und in den Ausgabepuffer *AP* transportiert werden. Diese zusätzlich berechneten Informationen können dann mit Hilfe der Stanzstation in entsprechende Leerfelder derselben Karte gestanzt werden. Auch hierbei sorgt die Kontrollabfühlstation für eine Kontrolle der ausgegebenen Ergebnisse.

3. Kartenlesen. Unter Verzicht auf die Funktionen der Stanzstation und der Kontrollabfühlstation kann die Stanzbahn ebenso wie die Lesebahn zur reinen Lochkarteneingabe verwendet werden.

Bei der *LSE* des ROBOTRON-300 können sowohl auf der Lesebahn als auch auf der Stanzbahn 18 000 Karten je Stunde verarbeitet werden. Das entspricht jeweils einem Kartendurchsatz von 5 Karten je Sekunde. Die Verarbeitung einer Lochkarte dauert also 200 ms.

3.3. Eingabepuffer, Ausgabepuffer

Es wurde bereits erwähnt, daß weder die Abfühlstationen noch die Stanzstationen der *LSE* direkt mit dem internen Hauptspeicher in Verbindung stehen. Die Lochkarteneingabe erfolgt grundsätzlich über *Eingabepuffer*, während die Lochkartenausgabe über *Ausgabepuffer* vollzogen wird (Bild 16). Diese Puffer stehen durch entsprechende Transportbefehle mit dem internen Hauptspeicher in Verbindung.

Am Beispiel der Eingabe und Ausgabe über Lochkarten soll die Bedeutung der Puffer erläutert werden. Die dabei wesentlichen Gesichtspunkte gelten in entsprechender Weise für alle mechanisch vollzogenen und daher im Vergleich zu den internen Operationen *langsamen* Eingabe- und Ausgabeprozesse.

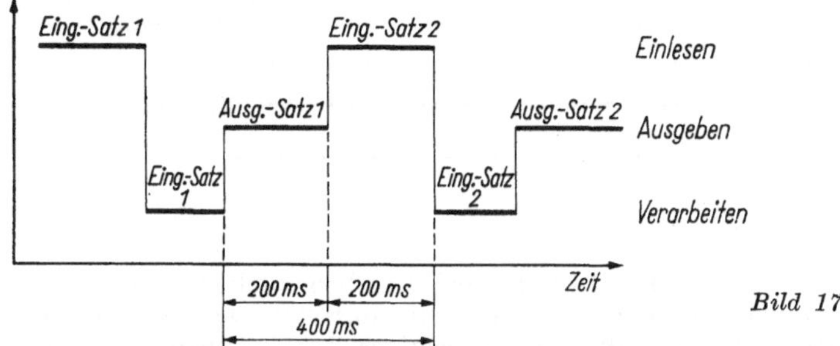

Bild 17

Die elektronische Datenverarbeitungsanlage soll vor der Aufgabe stehen, die einzelnen *Datensätze* eines Lochkarten*file nacheinander* in den Hauptspeicher einzulesen. Die einzelnen Dateneinheiten eines Datensatzes sollen dabei jeweils mit gewissen im Hauptspeicher stehenden Informationen zu neuen Dateneinheiten eines neuen Datensatzes verknüpft werden. Die neu entstehenden Datensätze sind jeweils in Lochkarten zu stanzen, so daß ein neuer Lochkarten*file* ausgegeben wird. Würde man nun die Abfühlstationen und die Stanzstation der *LSE* direkt mit dem Hauptspeicher korrespondieren lassen, so wäre bei jedem Eingabe- oder Ausgabeprozeß für einen der Datensätze die Zentraleinheit blockiert, und der geschilderte Prozeß könnte nur in einem rein zeitlichen Nacheinander nach dem im Bild 17 dargestellten Zeitdiagramm ablaufen. Insbesondere zeigt Bild 17, daß für die Zentraleinheit in periodischer Wiederkehr für 400 ms Leerlauf auftritt.

Um dies zu vermeiden, erfolgt der Informationsaustausch zwischen der *LSE* und der Zentraleinheit über Eingabe- bzw. Ausgabepuffer. Da nunmehr die Zentraleinheit von den mechanischen Lese- und Stanzprozessen nicht mehr beansprucht wird, können folgende Teilaufgaben des oben beschriebenen Problems unabhängig voneinander *simultan* ausgeführt werden:

Lesen des nächsten Datensatzes und Bereitstellung im Eingabepuffer,

Verarbeiten des davor gelesenen Datensatzes in der Zentraleinheit,

Stanzen der aus der vorhergehenden Verarbeitungsstufe resultierenden Ergebnisse.

Bild 18 zeigt in einem Zeitdiagramm den so entstehenden Ablauf der angegebenen Aufgabe.
Es muß nun bei dieser Simultanarbeit allerdings sichergestellt werden, daß im gerade abgearbeiteten Programmteil keiner von den Eingabe- bzw. Ausgabepuffern angesprochen wird, der noch damit beschäftigt ist, Information von einem externen Gerät aufzunehmen bzw. an ein solches abzugeben.

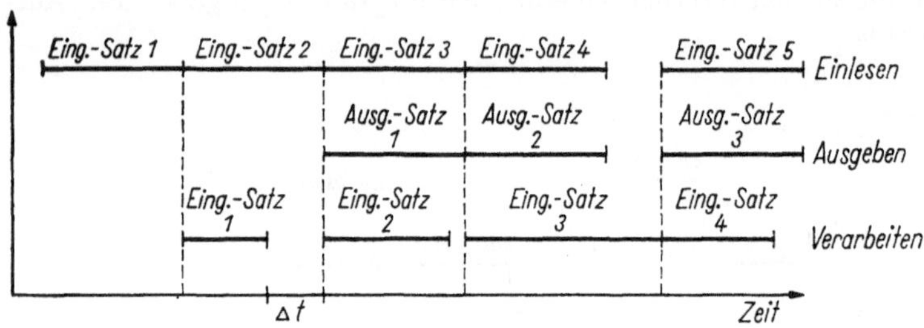

Bild 18

Dieser Fall könnte (wie Bild 18 zeigt) bei dem behandelten Beispiel z. B. in der durch Δt gekennzeichneten Zeitspanne auftreten, da das Programm zur Verarbeitung des Eingabesatzes *1* weniger Zeit in Anspruch nimmt als das Einlesen des Eingabesatzes *2*. Daher ist jeder Eingabepuffer und jeder Ausgabepuffer mit einer sog. *Besetztanzeige (BA)* ausgerüstet. Eine solche Besetztanzeige kann eingeschaltet oder ausgeschaltet sein. Die Anlage sorgt automatisch dafür, daß die Besetztanzeige eines Puffers genau so lange eingeschaltet wird, wie dieser Puffer sich im Informationsaustausch mit einem externen Gerät befindet. Tritt nun im Programm ein Befehl auf, der sich auf einen Puffer mit eingeschalteter Besetztanzeige bezieht, so wird die weitere Abarbeitung des Programms so lange unterbrochen, bis diese Besetztanzeige ausgeschaltet ist. Die einzelnen Puffer sind technisch und speicherorganisatorisch genauso aufgebaut wie der interne Hauptspeicher, allerdings mit dem Unterschied, daß innerhalb des Puffers nicht adressiert werden kann.
Die *LSE* erfordert bei Ausnutzung aller ihrer Stationen in beiden Bahnen zwei Eingabepuffer (je einen für die Lese- und die Stanzbahn) und einen Ausgabepuffer (für die Stanzbahn).

3.4. Lochkarteneingabe

Die im folgenden kurz beschriebenen Prinzipien der Lochkarteneingabe über die Lesebahn gelten gleichermaßen für die Eingabe über die Stanzbahn.

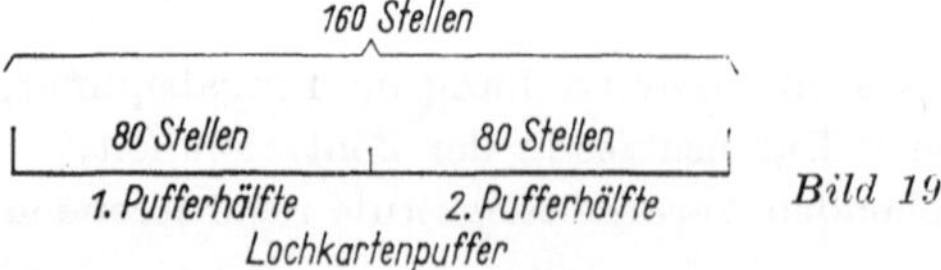

Bild 19

Ein zur Lochkarteneingabe verwendeter Eingabepuffer besitzt eine Kapazität von 160 alphanumerischen Speicherstellen, die in zwei Gruppen zu je 80 Speicherstellen aufgeteilt sind (Bild 19).

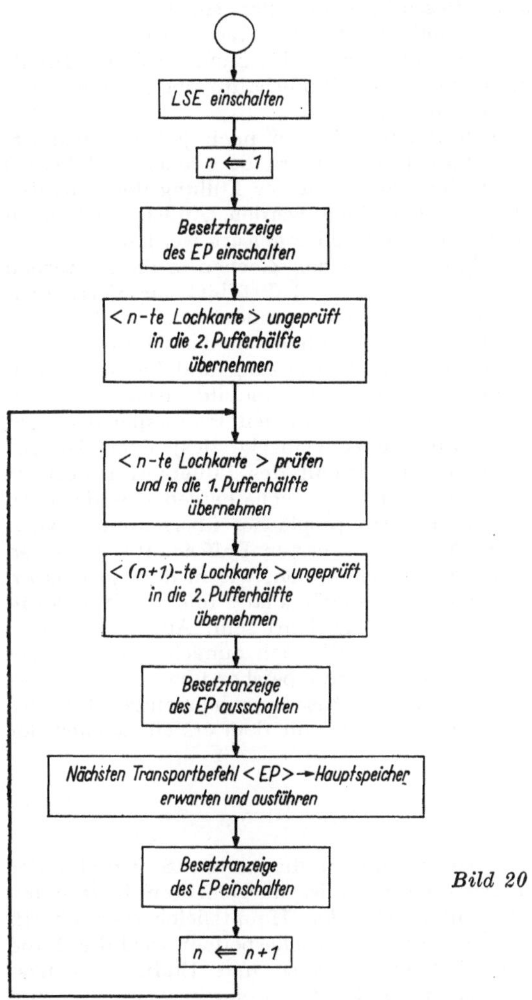

Bild 20

Nach Einschalten der *LSE* wird zunächst die Besetztanzeige des zuständigen Eingabepuffers eingeschaltet, und der Inhalt der ersten Lochkarte wird (zunächst ungeprüft) in die *zweite* Pufferhälfte übernommen. Danach wird dieser Inhalt mit dem Ergebnis der zweiten Abfühlung verglichen und der geprüfte Inhalt der ersten Karte in die *erste* Pufferhälfte übernommen. Schließlich wird der Inhalt der zweiten Karte ungeprüft in die

zweite Pufferhälfte übernommen. Danach wird die Besetztanzeige dieses Eingabepuffers wieder ausgeschaltet.
Nun kann ein Transportbefehl von diesem Eingabepuffer in den Hauptspeicher erwartet werden. Nach Ausführung eines derartigen Transportbefehls wird die Besetztanzeige dieses Eingabepuffers sofort wieder eingeschaltet. Der bisher ungeprüfte Inhalt der zweiten Karte wird kontrolliert und in die erste Pufferhälfte übernommen. Schließlich wird der Inhalt der dritten Karte ungeprüft in die zweite Pufferhälfte übernommen und die Besetztanzeige wieder ausgeschaltet.
Diese Vorgänge (Bild 20) wiederholen sich nun nach jeder Transportoperation, die den bisherigen Inhalt dieses Puffers (oder einen Teil davon) in den Hauptspeicher überführt hat. Während der Füllung des Eingabepuffers kann in der Zentraleinheit gerechnet werden. Außerdem können während dieser Zeit andere Puffer gefüllt oder geleert werden.
Im Eingabepuffer stehen alle alphanumerischen Zeichen in ihrer internen alphanumerischen Verschlüsselung (6 Bit + 1 Prüfbit) zur Verfügung. Begrenzungsmarken können über Lochkarten grundsätzlich *nicht* eingegeben werden. Vor der Eingabe des Pufferinhalts in den Hauptspeicher muß im Hauptspeicher deshalb das zur Abgrenzung und hierarchischen Gliederung der Dateneinheiten erforderliche Markenbild vorbereitet werden. Im Transportbefehl vom Eingabepuffer in den Hauptspeicher wird die Anfangsadresse und die Endbegrenzungsmarke desjenigen Hauptspeicherbereichs angegeben, in den der Inhalt des Puffers transportiert werden soll. Die Stellenzahl dieses Speicherbereichs entscheidet darüber, *welcher* Teil des Pufferinhalts in den Hauptspeicher übernommen wird. Es werden (beginnend mit dem Anfang der ersten Pufferhälfte) genau so viele Zeichen in den Hauptspeicher übernommen, wie in dem jeweils im Transportbefehl bezeichneten Speicherbereich Platz finden. Dies kann maximal der gesamte Pufferinhalt (160 Zeichen) sein. Auf diese Weise können also gewissermaßen „auf Verdacht" auch zunächst noch ungeprüfte Lochkarteninformationen in den Hauptspeicher übernommen werden. In jedem Falle kann aber nur ein zusammenhängender Teil des Pufferinhalts übernommen werden, der stets mit dem ersten Zeichen der ersten Pufferhälfte beginnt.

3.5. Lochkartenausgabe

Die Ausgabe von Ergebnisinformationen an die in der Stanzbahn der *LSE* bereitliegenden Leerkarten oder teilweise ausgelochten Karten beginnt mit dem Transport des entsprechenden Hauptspeicherbereichs in den jeweiligen Ausgabepuffer. Dieser Hauptspeicherbereich wird durch die im Transportbefehl angegebene Anfangsadresse und Endbegrenzungsmarke abgesteckt und darf höchstens 80 Stellen umfassen.
Ein zur Lochkartenausgabe verwendeter Ausgabepuffer besitzt eine Kapazität von 160 alphanumerischen Stellen, die wieder in eine erste und eine zweite Pufferhälfte von je 80 Stellen unterteilt sind (Bild 19). Der Transportbefehl in den Ausgabepuffer kann nur ausgeführt werden, wenn die Besetztanzeige dieses Puffers ausgeschaltet ist. Andernfalls wird die Programmabarbeitung an dieser Stelle so lange unterbrochen, bis dies der Fall ist.

Vor Ausführung dieses Transportbefehls steht in der *zweiten* Pufferhälfte der Inhalt der zuvor gestanzten Karte. Nachdem zunächst die Besetztanzeige des Ausgabepuffers wieder eingeschaltet wurde, wird der bisherige Inhalt der *zweiten* Pufferhälfte in die *erste* Pufferhälfte übernommen. Nun kann der im Transportbefehl bezeichnete Hauptspeicherinhalt (max. 80 Zeichen) in die zweite Pufferhälfte übernommen werden. Danach wird das Programm mit dem auf den Transportbefehl folgenden Befehl fortgesetzt. Simultan dazu wird der Inhalt der *zweiten* Pufferhälfte im Lochkartenkode in die nächstfolgende Karte gelocht und der Inhalt der *ersten* Pufferhälfte mit derjenigen Information verglichen, die die Kontrollabfühlstation aus der vorangegangenen Karte gelesen hat. Danach wird die Besetztanzeige dieses Puffers ausgeschaltet.
Wortmarken werden bei der Lochkartenausgabe nicht beachtet. Von den höheren Marken werden nur die Markenkennzeichen gelocht.
Sollen nicht alle Spalten einer Leerkarte, sondern nur in genau gekennzeichnete Leerfelder einer bereits teilweise ausgelochten Karte gestanzt werden, so ist für alle nicht zu lochenden Spalten ein Sonderzeichen (]) in den Puffer zu transportieren.

4. Ausgabe über Schnelldrucker

4.1. Schnelldrucker

Schnelldrucker sind Druckwerke, die alle Zeichen einer Druckzeile gleichzeitig zu Papier bringen.

Der Schnelldrucker des ROBOTRON-300 besitzt eine Druckbreite von 156 Stellen je Zeile. In jeder Druckstelle können 57 verschiedene Zeichen gedruckt werden. Von den in Tafel 2 dargestellten 64 alphanumerischen Zeichen des ROBOTRON-300 werden die Zeichen ', ', '', ~, ≈, ≋ wie das Leerzeichen (□) behandelt und ergeben eine nichtbedruckte Stelle. Die Druckgeschwindigkeit beträgt 18 000 Zeilen je Stunde (5 Zeilen je Sekunde).

Die Steuerung des Papiervorschubs kann entweder um eine bestimmte Anzahl von Zeilen (0 ... 3 Zeilen) oder zu einem bestimmten Formularabschnitt hin erfolgen, der durch Lochung in einem der 8 Kanäle eines steuernden Lochstreifens festgelegt ist. In jedem Falle erfolgt der Papiervorschub jeweils nach dem Druck einer Zeile.

Die Gesamtdruckbreite von 156 Stellen kann je nach Bedarf in zwei unabhängig vorschubsteuerbare Teildruckbreiten unterteilt werden. Dies ermöglicht es, zwei Tabellen oder Formulare während eines Programms von einem Schnelldrucker unabhängig auszudrucken.

4.2. Druckpuffer

Ähnlich wie bei der Lochkartenausgabe erfolgt die Ausgabe über den Schnelldrucker dadurch, daß die zu druckende Information aus dem internen Hauptspeicher zunächst in einen entsprechenden Ausgabepuffer (Druckpuffer) transportiert wird. Der entsprechende Transportbefehl kann erst dann ausgeführt werden, wenn die Besetztanzeige ausgeschaltet (die vorhergehende Zeile also vollständig gedruckt) ist.

Der Transportbefehl steckt durch Anfangsadresse und Endbegrenzungsmarke denjenigen Hauptspeicherbereich ab, in dem die zu druckende Information steht. Dieser darf max. 158 Zeichen enthalten. Der Druckpuffer besitzt eine Kapazität von 158 Zeichen. Die ersten beiden Zeichen des im Transportbefehl angesprochenen Hauptspeicherbereichs (bzw. des Druckpuffers) werden nicht mitgedruckt. Sie enthalten die Information über den Zeilenvorschub, der nach Ausführung der Druckoperation zu realisieren ist.

Nach Ausführung des Transports vom Hauptspeicher in den Druckpuffer und Einschaltung der Besetztanzeige des Druckpuffers kann das Programm mit dem nächsten Befehl fortgesetzt werden. Simultan dazu wird der Inhalt des Druckpuffers in eine Formular- oder Tabellenzeile gedruckt. Danach wird die Besetztanzeige dieses Puffers wieder ausgeschaltet.

4.3. Die file-Struktur von Tabellen und Formularen

Bei der externen Speicherung durch Lochkarten spielte der Inhalt der einzelnen Lochkarte, vom Standpunkt der Datenstrukturen (vgl. Abschn. 1.1) aus betrachtet, die Rolle eines *Datensatzes (record)*, während der gesamte Lochkartenstapel als eine Folge von Datensätzen (*file*) anzusehen war.
In den folgenden Betrachtungen sollen die Druckzeilen eines Formulars oder einer Tabelle stets als Datensätze (*records*) und die Tabellen oder Formulare selbst als Folgen von Datensätzen (*files*) aufgefaßt werden.

4.4. Druckaufbereitung

Nur in den seltensten Fällen ist es im Hinblick auf ein übersichtliches, bequem lesbares Druckbild zweckmäßig, die bei einem Datenverarbeitungsprozeß anfallenden Ergebnisse in der Form zu drucken, wie sie im internen Hauptspeicher der Anlage anfallen.
Einerseits verlangt die Anwendbarkeit der Verknüpfungsoperationen im Rechenwerk interne Darstellungsformen, die in der Regel ein schwer lesbares Druckbild ergeben würden (Minuszeichen als Überbit in der niedrigsten Stelle, kein Dezimalkomma, führende Nullen usw.).
Andererseits verbietet die rationelle Speicherausnutzung das ständige Mitspeichern von Maßeinheiten, Zwischenräumen, Trennzeichen und ähnlichen, die Lesbarkeit fördernden Hinweisen. Deshalb ergibt sich die Notwendigkeit, die meisten Ergebnisdaten vor ihrer „Drucklegung" entsprechend aufzubereiten.
Typische druckaufbereitende Maßnahmen sind z. B. Unterdrückung führender Nullen (Ersetzung durch Leerzeichen), Anfügung eines Minuszeichens bei negativen Zahlwerten, Einfügung eines Dezimalkommas, Hinzufügen einer Maßeinheit usw.
Viele Anlagen verfügen über einen besonderen Druckaufbereitungsbefehl. In diesem Falle wird die aufzubereitende Dateneinheit in ein (z. B. im *AC* vorliegendes) Musterwort eingeordnet. Dieses Musterwort enthält dann alle einzufügenden Zeichen und sonstige Hinweise für die Druckaufbereitung.

5. Programmierungssprachen

5.1. Maschinensprache des ROBOTRON-300

Jeder Datenverarbeitungsprozeß in einer elektronischen Datenverarbeitungsanlage vollzieht sich als eine Folge nacheinander auszuführender *Elementaroperationen.* Solche Elementaroperationen sind z. B. das Eingeben des Inhalts einer Lochkarte in einen bestimmten, durch seine Adresse gekennzeichneten Speicherbereich des internen Hauptspeichers, der Transport einer bestimmten Dateneinheit aus dem Hauptspeicher in den Akkumulator, die Addition einer im Hauptspeicher stehenden Dateneinheit zum Akkumulatorinhalt, der Transport eines im Akkumulator anfallenden Zwischenergebnisses in einen bestimmten Speicherbereich oder die Ausgabe des Inhalts eines Ergebnisspeicherbereichs über den Schnelldrucker.

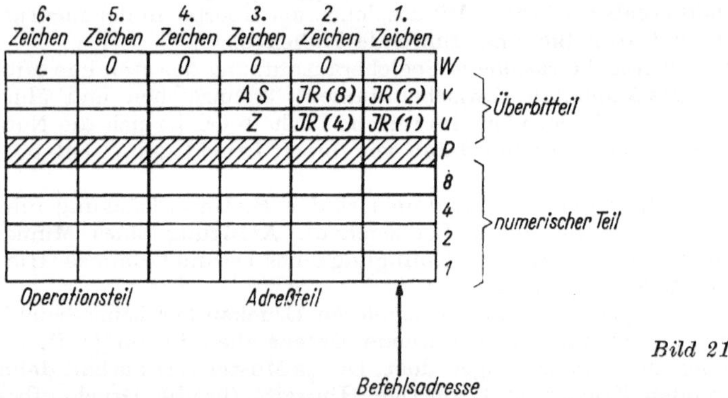

Bild 21

Jeder solchen Elementaroperation entspricht ein ganz bestimmter *Maschinenbefehl* der jeweiligen Anlage. Alle bei einer Anlage möglichen Maschinenbefehle zusammengenommen bilden die *Befehlsliste* dieser Anlage. Die einzelnen Befehle der Befehlsliste werden in der Anlage selbst ebenso wie die zu verarbeitenden Daten durch Wörter aus alphanumerischen Zeichen dargestellt. Diese Wörter nennt man im Gegensatz zu den Datenwörtern auch *Befehlswörter.*

Beim ROBOTRON-300 hat jedes Befehlswort eine feste Länge von 6 alphanumerischen Zeichen. Bild 21 zeigt die Aufgliederung eines derartigen ROBOTRON-Befehlswortes. Die Zeichen *5* und *6* stellen den *Operationsteil* des Befehlswortes dar. In diesen beiden Zeichen wird die Art der auszuführenden Operation verschlüsselt. Die Art der Verschlüsselung ist durch die Maschinenkonstruktion vorgegeben. Einige Beispiele sollen eine Vorstellung von der beim ROBOTRON-300 erforderlichen Verschlüsselung im Operationsteil geben.

Transport vom Hauptspeicher bis Wortmarke in den Akkumulator:

6. Zeichen: +
5. Zeichen: O

Addition eines Wortes im Hauptspeicher zu einem im Akkumulator stehenden Wort:

6. Zeichen: —
5. Zeichen: O

Transport eines im Akkumulator stehenden Wortes in den Hauptspeicher:

6. Zeichen: A
5. Zeichen: O

Bedingter Unterprogrammsprung; Sprungbedingung: $\langle AC \rangle < 0$:

6. Zeichen: 1
5. Zeichen: K

In jedem Falle wird die Anfangsadresse des Operanden bzw. die Sprungadresse im *Adreßteil* des Befehlswortes angegeben. Der Adreßteil wird von den Zeichen 1 ... 4 (vgl. Bild 21) gebildet. Die numerischen Teile dieser 4 Zeichen bieten die Möglichkeit, Adressenkonstanten zwischen 0000 und 9999 anzugeben. Die Angabe dieser Adressenkonstanten erfolgt nach den Regeln zur Verschlüsselung von Festkommazahlen. Zur Adressierung des 40 000-Stellen-Speichers ist zusätzlich noch die Angabe einer Zehntausenderstelle erforderlich, deren Werte allerdings nur von 0 ... 3 variieren müssen. Diese Zehntausenderstelle wird in den beiden Überbits des 4. Zeichens verschlüsselt. Dabei erhält das u-Bit die Bewertung 1 und das v-Bit die Bewertung 2.

Zur Adressenmodifikation (vgl. Abschn. 2.2.3) müssen im Adreßteil des Befehls folgende zusätzlichen Angaben untergebracht werden können:

die Nummer eines Indexregisters (1 ... 9),
ein Hinweis auf relative Indexoperation,
ein Hinweis auf zyklische Indexoperation,
ein Hinweis auf Adressensubstitution.

Eine Indexregisternummer (1 ... 9) kann im ROBOTRON-Befehl in den Überbits des 1. und 2. Zeichens in dualer Verschlüsselung angegeben werden. Bild 20 zeigt jeweils in Klammern die dualen Wertigkeiten dieser

4 Überbits. Ist außerdem das durch *Z* gekennzeichnete Überbit *u* des 3. Zeichens mit dem dualen Wert O belegt, so wird *relative* Indexoperation ausgeführt. Ist das durch *Z* gekennzeichnete Bit mit dem dualen Wert L belegt, so gilt dies als Hinweis auf *zyklische* Indexoperation. Schließlich ist das durch *AS* gekennzeichnete Überbit *v* des 3. Zeichens für die *Adressensubstitution* maßgebend. Adressensubstitution wird genau dann ausgeführt, wenn dieses Bit mit dem dualen Wert L belegt ist.

Die *Programmierung* eines Datenverarbeitungsprozesses für eine elektronische Datenverarbeitungsanlage macht es nun erforderlich, den gewünschten Verarbeitungsprozeß in solche Elementaroperationen zu zerlegen, die auf der verfügbaren Anlage ausgeführt werden können. Durch eine Folge von entsprechenden Maschinenbefehlen (Maschinenprogramm) ist dann festzulegen, in welcher Reihenfolge diese Elementaroperationen von der Anlage ausgeführt werden sollen, um die gewünschten Ergebnisse zu erhalten.

Ein stark vereinfachtes Beispiel soll dies erläutern. In einem Teilprogramm zur Nettolohnberechnung sollen die Abzüge aus Lohnsteuern, Sozialversicherungsbeitrag und Krankenabzügen berechnet werden. Die einzelnen Abzugsbeträge sollen jeweils Festkommazahlen sein und durch Wortmarken begrenzt im Hauptspeicher unter folgenden Anfangsadressen zur Verfügung stehen:

Lohnsteuern:	Anfangsadresse	974
Sozialversicherungsbeitrag:	Anfangsadresse	1007
Krankenabzüge:	Anfangsadresse	3412

Die daraus durch Summierung zu errechnende Dateneinheit Abzüge soll anschließend mit der Anfangsadresse 3502 im Hauptspeicher stehen. Das genannte Teilprogramm erfordert die folgenden vier Elementaroperationen in der angegebenen Reihenfolge:

1. Transport vom Hauptspeicher (Anfangsadresse 974 bis Wortmarke) in den Akkumulator,
2. Addition des Datenwortes mit der Anfangsadresse 1007 zum Inhalt des Akkumulators,
3. Addition des Datenwortes mit der Anfangsadresse 3412 zum Inhalt des Akkumulators,
4. Transport des Akkumulatorinhalts in den Hauptspeicherbereich ab Anfangsadresse 3502.

Nach den oben gegebenen Hinweisen zur Verschlüsselung der Befehlsworte des ROBOTRON-300 wäre dementsprechend folgendes Maschinenprogramm zu schreiben:

	6. Zeichen	5. Zeichen	4. Zeichen	3. Zeichen	2. Zeichen	1. Zeichen
(1)	+	0	0	9	7	4
(2)	—	0	1	0	0	7
(3)	—	0	3	4	1	2
(4)	A	0	3	5	0	2

Bereits dieses einfache Beispiel zeigt, daß das Programmieren in der *Maschinensprache* einer speziellen Datenverarbeitungsanlage mit erheblichen Nachteilen verbunden ist.
Erstens ist die verschlüsselte Darstellung der einzelnen Elementaroperationen im Maschinenbefehlswort sehr schwer einprägsam. Sowohl das Schreiben als auch das spätere Lesen, Verstehen und Kontrollieren von Programmen in der Maschinensprache erfordert deshalb ein Höchstmaß an Konzentration und verhältnismäßig lange Programmierzeiten. Selbst unter diesen Voraussetzungen sind in einem solchen Maschinenkode geschriebene, umfangreiche Programme nur selten frei von elementarsten Flüchtigkeitsfehlern.
Zweitens muß der Programmierer in jedem Zeitpunkt seiner Arbeit die genauen Speicheradressen aller zu verarbeitenden Dateneinheiten kennen. Das erfordert von ihm umfangreiche routinemäßige „Buchführungsarbeiten", die bei jedem neu geschriebenen Maschinenbefehl ergänzt und auf den neuesten Stand gebracht werden müssen. Auch hier liegt eine erhebliche Quelle von Programmierungsfehlern.
Drittens erfordert das Programmieren in einer Maschinensprache stets eine Aufgliederung des Gesamtprozesses in *solche* Elementaroperationen, die durch Einzelbefehle der entsprechenden Anlage realisiert werden können. Dies führt in der Regel dazu, daß der Programmierer im Hinblick auf die verfügbare Anlage das zu lösende Problem wesentlich stärker zergliedern muß, als es die logische Durchdringung der jeweiligen Aufgabenstellung erfordert. So muß z. B. die Addition von mehr als zwei Dateneinheiten nur deshalb in eine Folge von Transporten in den Akkumulator und zweistelligen Additionen zergliedert werden, weil in einer Einadreßanlage, wie sie der ROBOTRON-300 darstellt, nur eine Adressenangabe im Befehl möglich ist.
Viertens schließlich ist ein in der Maschinensprache einer speziellen Datenverarbeitungsanlage geschriebenes Programm nur dieser Anlage zugänglich. Andererseits unterliegen elektronische Datenverarbeitungsanlagen heute einem beträchtlichen *moralischen* Verschleiß (d. h. einem Verschleiß gemessen am erzielten technischen Fortschritt nach Fertigstellung einer neuen Anlage). Dadurch wird das Problem der Ablösung eines Anlagentyps durch einen anderen für jedes Rechenzentrum aktuell. Im Weltmaßstab wird die (moralische) Lebensdauer einer modernen elektronischen Datenverarbeitungsanlage heute mit 5 Jahren und darunter angegeben. Es muß daher nach Möglichkeiten gesucht werden, die ständig anwachsenden Programmbibliotheken auch künftigen Anlagen zugänglich zu machen.

5.2. Interne und externe Programmierungssprachen, automatische Programmierung

Alle vier genannten Nachteile der Programmierung in der Maschinensprache einer konkreten Anlage haben dazu geführt, daß in den letzten Jahren die Programmierungstechnik auf eine völlig andere Grundlage gestellt wurde. Diese Entwicklung ist dadurch gekennzeichnet, daß die Programmierung nicht mehr in der eigentlichen Maschinensprache, sondern in einer mehr oder weniger an diese Maschinensprache *angelehnten* Programmierungssprache erfolgt. Zwar muß ein von der Maschine auszuführendes Programm nach wie vor in der Maschinensprache vorliegen, jedoch wird dieses Maschinenprogramm nicht vom Programmierer in dieser Sprache *geschrieben*. Der Programmierer bedient sich statt dessen einer für ihn wesentlich handlicheren Programmierungssprache und formuliert in dieser sein Programm. Der Maschine selbst fällt dann die Aufgabe zu, das vom Programmierer geschriebene „Pseudoprogramm" in ihren eigenen Maschinenkode zu übersetzen und das so erzeugte Maschinenprogramm dann abzuarbeiten. In der Programmierungstechnik können daher heute *interne* und *externe* Programmierungssprachen unterschieden werden.

Jede konkrete Anlage verfügt über eine *interne* Programmierungssprache, deren Elemente Befehlswörter in ihrer internen Verschlüsselung sind. Die interne Programmierungssprache einer Anlage ist dadurch gekennzeichnet, daß sie die einzige Sprache ist, deren Programme das Steuerwerk dieser Anlage verstehen und ausführen kann. Diese Sprache ist der technischen Arbeitsweise der Anlage gut angepaßt. Ein Programmieren in dieser Sprache ist zwar prinzipiell möglich, stellt sich jedoch als zeitraubende, unbequeme und fehleranfällige Arbeit dar. Daher stehen dem Programmierer außerdem gewisse *externe* Programmierungssprachen zur Verfügung. Die externen Programmierungssprachen kommen den Bedürfnissen der Bequemlichkeit und der Sicherheit beim Programmieren weitgehend entgegen. Die in einer externen Programmierungssprache geschriebenen Programme werden in die Anlage eingegeben und durch ein Übersetzungsprogramm in die interne Programmierungssprache übersetzt. Dieses Übersetzungsprogramm wird einmalig hergestellt und gestattet die automatische Übersetzung beliebiger Programme einer bestimmten externen Sprache in entsprechende Programme der internen Sprache.

Dieses Prinzip der Programmierung in einer externen Sprache und der automatischen Übersetzung durch die Anlage selbst in ihre interne Sprache wird in der Literatur (etwas irreführend) als *automatisches Programmieren* bezeichnet.

Die externen Programmierungssprachen lassen sich in *maschinenorientierte* und *problemorientierte* Sprachen einteilen.

Maschinenorientierte Sprachen beziehen sich mit ihren *Einzelbefehlen* auf die von der jeweiligen Anlage realisierbaren Elementaroperationen. Im Gegensatz zur internen Maschinensprache werden Operationsteil und Adreßteil hierbei aber *symbolisch* dargestellt. Im symbolischen Operationsteil werden die auszuführenden Operationen durch leicht einprägsame Zeichenkombinationen dargestellt (z. B. AD für die Addition, S für Sprung, T für Transport). Der Adreßteil wird ebenfalls in symbolischer Form angegeben. Dazu werden für die einzelnen Dateneinheiten des Hauptspeichers *Datennamen* als symbolische Adressen eingeführt. Die Ermittlung der echten Speicheradressen zu den einzelnen symbolischen Datennamen wird während des Übersetzungsprozesses in die interne Maschinensprache von der Anlage selbst ausgeführt. Dazu ist nur erforderlich, daß mit Hilfe sog. *Datendeklarationsbefehle* der Speicherbedarf für die einzelnen mit Datennamen versehenen Dateneinheiten im Programm angegeben wird. Auf Grund der Datendeklarationsbefehle teilt das Übersetzungsprogramm den verfügbaren Speicherplatz an die einzelnen Dateneinheiten auf und legt ein „Adreßbuch" an, in dem zu jedem Datennamen die echte Speicheradresse eingetragen wird. Auf Grund dieses Adreßbuches kann dann später in den Einzelbefehlen jeder Datenname (symbolische Adresse) durch die echte Adresse ersetzt werden.

Eine derartige maschinenorientierte Programmsprache ist unter der Bezeichnung MOPS auch für den ROBOTRON-300 vorgesehen. In dieser Sprache würde das im Abschn. 5.1.1 beschriebene, stark vereinfachte Teilprogramm zur Nettolohnberechnung folgendermaßen aussehen:

```
TV      LOHNSTEU
AD      SV-BEITR
AD      KR-ABZ
TN      ABZUEGE
```

Hierbei sind LOHNSTEU, SV-BEITR, KR-ABZ und ABZUEGE Datennamen, die in anderen Programmteilen durch entsprechende Datendeklarationsbefehle einzuführen sind. TV, AD und TN sind symbolische Darstellungen des Operationsteils und bedeuten

Transport von Hauptspeicher nach AC,
Addition zum Inhalt von AC bzw.
Transport von AC nach Hauptspeicher.

Im folgenden sollen die maschinenorientierten Sprachen nicht näher behandelt werden. Abschließend sei jedoch bemerkt, daß die maschinenorientierten externen Sprachen neben den in neuerer Zeit hinzugekommenen problemorientierten Sprachen ihre Bedeutung behalten haben. Wegen ihrer engen Bezugnahme auf die interne Maschinensprache kann bei der Programmierung in einer maschinenorientierten Sprache der Befehlsreichtum einer Anlage sehr wesentlich ausgenutzt werden. Dadurch ergeben sich Maschinenprogramme, die zeitlich sehr effektiv sind.

5.3. Problemorientierte externe Sprachen

Die *problemorientierten* externen Programmierungssprachen stellen einen weiteren Schritt in der Richtung zur bequemen, fehlerfreien Programmierung elektronischer Datenverarbeitungsanlagen dar. Allen problemorientierten Sprachen liegt das Bemühen zugrunde, bei der Programmierung von Datenverarbeitungsprozessen *Ausdrucksmittel* zu verwenden, die von den konkreten Eigenschaften spezieller Anlagen weitgehend *unabhängig*, dafür aber den zu lösenden Problemen besonders gut angepaßt sind. Die in einer solchen Sprache formulierten Programme sollen dann von jeder hinreichend ausgestatteten Anlage mit Hilfe eines Übersetzungsprogramms automatisch in ein entsprechendes internes Maschinenprogramm so übersetzt werden, daß das erzeugte Maschinenprogramm im Hinblick auf erforderlichen Speicherbedarf bzw. erforderliche Rechenzeit möglichst günstig arbeitet. Die Praxis der bisher bekannt gewordenen problemorientierten Sprachen hat gezeigt, daß nicht alle obengenannten Anforderungen gleichermaßen erfüllt werden können.

Die Unabhängigkeit von den konkreten Eigenschaften spezieller Datenverarbeitungsanlagen läßt sich nur bis zu einem gewissen Grade realisieren.

Die Forderung nach möglichst hoher Effektivität der erzeugten Maschinenprogramme in jeder in Frage kommenden Anlage verlangt, abgesehen von der Beachtung der allgemeinen Grundlagen der maschinellen Informationsverarbeitung, auch die Berücksichtigung der Besonderheiten der wichtigsten Klassen von Datenverarbeitungsanlagen (z. B. im Hinblick auf feste oder variable Datenstruktur im Hauptspeicher, besondere externe Geräte usw.).

Andererseits gibt es heute noch keine *allgemeine* problemorientierte Sprache. Es hat sich gezeigt, daß die verschiedenen Anwendungsbereiche, wie numerische Mathematik, Abrechnung/Planung, Linguistik, Automatentheorie usw., jeweils ihre eigenen Anforderungen stellen, die bis heute in keiner problemorientierten Sprache gemeinsam berücksichtigt sind. Von den heute bekannten problemorientierten Sprachen sei auf die drei verbreitetsten unter ihnen kurz hingewiesen. Es sind dies die Sprachen

ALGOL-60 (**Algo**rithmic **L**anguage),
FORTRAN (**For**mula **Tran**slator) und
COBOL-61 (**Co**mmon **B**usiness **O**riented **L**anguage).

Die folgenden Ausführungen sind den Grundbegriffen der COBOL-Programmierung gewidmet.

Im Gegensatz zu ALGOL und FORTRAN, die in erster Linie die Bedürfnisse der numerischen Mathematik berücksichtigen, steht bei COBOL die Verarbeitung von *files* (d. h. von Folgen von Datensätzen) im Vordergrund. Dementsprechend wird der Eingabe und der Ausgabe größerer Mengen von Datensätzen in COBOL Rechnung getragen. Weiterhin ist COBOL besonders auf Datenverarbeitungsanlagen mit alphanumerischer Zeichenstruktur und variabler Datenlänge zugeschnitten.

Die Ausdrucksmittel dieser Sprache sind weitgehend umgangssprachlich geprägt. Grundlage dafür sind Ausdrücke der englischen Sprache. Zum Erlernen der Programmierungssprache COBOL ist die Kenntnis der englischen Sprache jedoch nicht erforderlich. Für die Sprache COBOL wird nur ein sehr beschränktes Vokabular der englischen Sprache benötigt. Die Bedeutung dieser Ausdrucksmittel im Rahmen der Sprache COBOL wird im folgenden ausführlich besprochen.

Um bereits an dieser Stelle einen kleinen Eindruck von der COBOL-Programmierung zu vermitteln, sollen zwei Möglichkeiten angegeben werden, das im Abschn. 5.1.1 angegebene, stark vereinfachte Teilprogramm einer Nettolohnberechnung in der Sprache COBOL zu formulieren. Die dabei verwendeten Datennamen sind die im Abschn. 5.1.2 eingeführten.

1. Formulierung:

   ADD LOHNSTEU, SV-BEITR, KR-ABZ GIVING ABZUEGE

2. Formulierung:

   COMPUTE ABZUEGE = LOHNSTEU + SV-BEITR + KR-ABZ

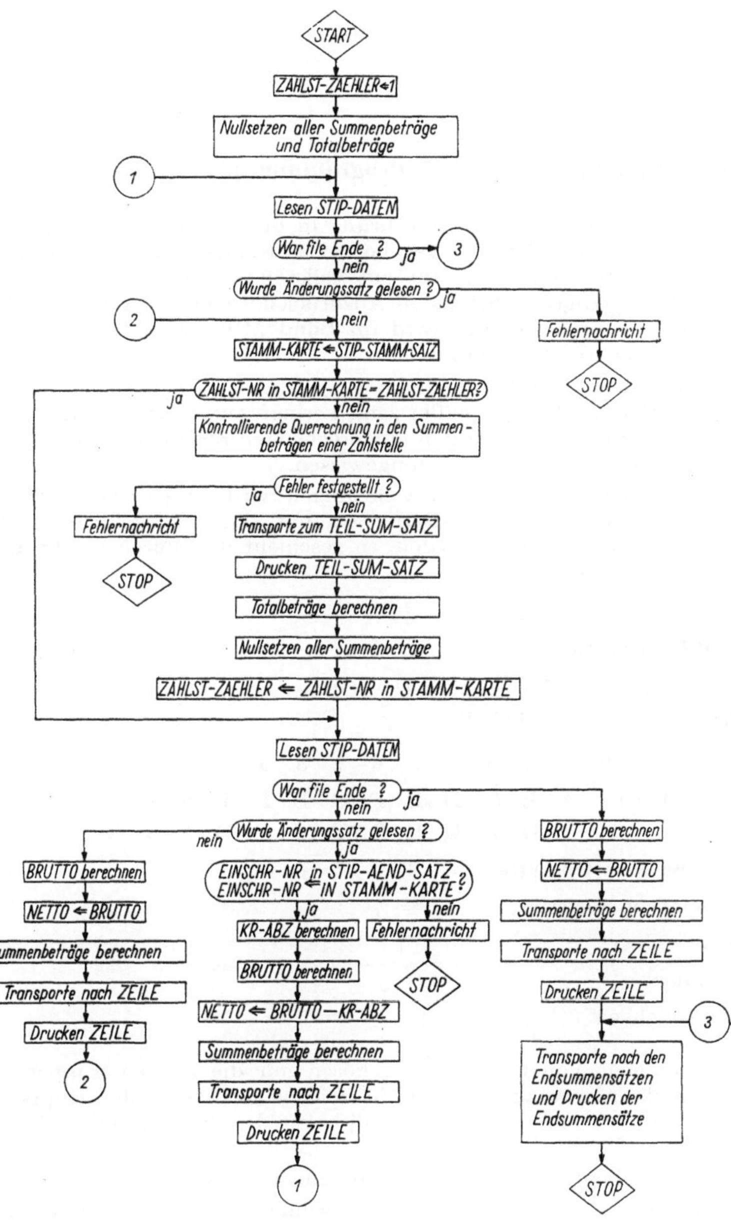
START
ZAHLST-ZAEHLER ⇐ 1
Nullsetzen aller Summenbeträge und Totalbeträge
1
Lesen STIP-DATEN
War file Ende ?
ja
3
nein
Wurde Änderungssatz gelesen ?
ja
Fehlernachricht
STOP
2
nein
STAMM-KARTE ⇐ STIP-STAMM-SATZ
ZAHLST-NR in STAMM-KARTE = ZAHLST-ZAEHLER?
ja
nein
Kontrollierende Querrechnung in den Summenbeträgen einer Zahlstelle
Fehler festgestellt ?
ja
nein
Fehlernachricht
STOP
Transporte zum TEIL-SUM-SATZ
Drucken TEIL-SUM-SATZ
Totalbeträge berechnen
Nullsetzen aller Summenbeträge
ZAHLST-ZAEHLER ⇐ ZAHLST-NR in STAMM-KARTE
Lesen STIP-DATEN
War file Ende ?
ja
nein
Wurde Änderungssatz gelesen ?
nein
ja
BRUTTO berechnen
NETTO ⇐ BRUTTO
Summenbeträge berechnen
Transporte nach ZEILE
Drucken ZEILE
2
EINSCHR-NR in STIP-AEND-SATZ = EINSCHR-NR IN STAMM-KARTE ?
ja
nein
KR-ABZ berechnen
Fehlernachricht
STOP
BRUTTO berechnen
NETTO ⇐ BRUTTO — KR-ABZ
Summenbeträge berechnen
Transporte nach ZEILE
Drucken ZEILE
1
BRUTTO berechnen
NETTO ⇐ BRUTTO
Summenbeträge berechnen
Transporte nach ZEILE
Drucken ZEILE
3
Transporte nach den Endsummensätzen und Drucken der Endsummensätze
STOP

Bild 22

6. Grundbegriffe der COBOL-Programmierung

Im folgenden wird eine erste Einführung in die problemorientierte Programmierungssprache COBOL gegeben. Im Rahmen des vorliegenden Bandes werden dabei nur die für ein vollständiges COBOL-Programm unbedingt notwendigen, einfachsten Ausdrucksformen dieser Sprache behandelt. Auf dieser Grundlage wird im Band „Oberstufe“ die COBOL-Programmierung weiter ausgebaut.

An einigen Stellen wird es im Hinblick auf die speziellen Eigenschaften des ROBOTRON-300 zweckmäßig sein, geringfügige Abweichungen von COBOL-61 [1] zuzulassen. An den entsprechenden Stellen wird ausdrücklich auf alle diese Abweichungen hingewiesen.

Unter Berücksichtigung dieser Abweichungen wird die hier beschriebene Sprache im folgenden kurz „COBOL“ genannt. Soll ausdrücklich auf die Originalsprache hingewiesen werden, so geschieht dies durch die Formulierung „COBOL-61“.

6.1. COBOL-Zeichen

Alle Ausdrucksmittel der Sprache COBOL setzen sich aus den folgenden 57 COBOL-Zeichen zusammen.

(1) Ziffern: 0 1 2 3 4 5 6 7 8 9

(2) Buchstaben: A B C D E F G H I J K L M
N O P Q R S T U V W X Y Z

(3) Arithmetische Operatoren: + — * /

(4) Vergleichsoperatoren: = < >

(5) Trennzeichen: □ , ; .

(6) Klammern: ( ) ″

(7) Zusatzzeichen: [ ] ≠ % : ! ?

Zur Zeichenmenge von COBOL-61 gehören nur die Zeichengruppen (1) bis (6) sowie das hier weggelassene Dollarzeichen ($). Die Zeichengruppe (7) wurde im Hinblick auf das Maschinenalphabet des ROBOTRON-300 hinzugenommen.

Das Zeichen * dient in COBOL als Multiplikationszeichen.

Das Minuszeichen (—) kann auch als Bindestrich verwendet werden (vgl. unten).

Das Zeichen □ soll das Leerzeichen (Zwischenraumzeichen) darstellen. In konkreten COBOL-Ausdrücken wird statt des Zeichens □ ein Zwischenraum (Abstand) gelassen.

Aus den genannten 57 COBOL-Zeichen können nach bestimmten Regeln Zeichenreihen gebildet werden, die dann als Ausdrucksmittel dieser Sprache verwendet werden.

Die am häufigsten benötigten Ausdrucksmittel sind

Datennamen,
Literale und
reservierte COBOL-Wörter.

Sie gehören zu den *Elementen* eines COBOL-Programms.

6.2. Datennamen, Literale

In jedem Programm eines elektronischen Datenverarbeitungsprozesses muß die Möglichkeit bestehen, die zu verarbeitenden Informationen zu benennen. Jede Programmierungssprache muß daher entsprechende *Ausdrucksmittel* für die *Operanden* eines Programms besitzen. Als Operanden treten in der elektronischen Datenverarbeitung vorwiegend folgende drei Arten in Erscheinung.

1. Operanden außerhalb des Hauptspeichers. Hierzu gehören alle diejenigen Daten, die außerhalb des Hauptspeichers entweder in Eingabe*files* zur Verfügung stehen oder für Ausgabe*files* zur Verfügung gestellt werden sollen (Eingabe*files*, Ausgabe*files* sowie deren Teilstrukturen wie *records* und Dateneinheiten innerhalb dieser *records*).

2. Operanden im Hauptspeicher. Das sind Dateneinheiten, die in bestimmten Speicherbereichen des Hauptspeichers zur Verfügung stehen. Hierbei kann es sich um (zunächst unbekannte) Zwischenergebnisse oder auch um Konstanten handeln.

3. Konstanten, die mit dem Programm eingegeben werden. Hierbei handelt es sich um Operanden mit festem Wert, die im COBOL-Programm angegeben und mit diesem zusammen in die Anlage eingegeben werden.

6.2.1. Datennamen

Die unter (1) und (2) genannten Operanden werden in COBOL-Programmen durch *Datennamen* bezeichnet. Diese können vom Programmierer unter Beachtung der folgenden Regeln völlig freizügig festgelegt werden. Ein Datenname ist eine Zeichenreihe aus COBOL-Zeichen mit folgenden Eigenschaften:

(1) In der Zeichenreihe dürfen nur Ziffern, Buchstaben sowie der Bindestrich (-) auftreten.

(2) Die Zeichenreihe darf höchstens 30 Zeichen enthalten.

(3) Die Zeichenreihe muß mindestens einen Buchstaben enthalten.

(4) Ein Bindestrich darf weder am Anfang noch am Ende der Zeichenreihe stehen. Zwei Bindestriche dürfen nicht unmittelbar aufeinanderfolgen.

(5) Die Zeichenreihe darf nicht mit einem reservierten COBOL-Wort oder einem in diesem Programm verwendeten Prozedurnamen (vgl. unten) identisch sein.

Beispiele:

NETTO-LOHN
STREU-QUADRAT
EPSILON
ROBOTRON-300
DIN-A4

sind den Regeln entsprechende Datennamen.

ROBOTRON 300
SCHÄTZ-WERT
4000-7
KTO.-NR

sind keine zulässigen Datennamen. Im ersten Falle ist das Zwischenraumzeichen in Datennamen nicht erlaubt. Im zweiten Falle gehört das Zeichen Ä nicht zur COBOL-Zeichenmenge. Im dritten Falle ist kein Buchstabe enthalten. Im letzten Falle schließlich ist der Punkt kein zulässiges Zeichen zur Bildung von Datennamen.
Es ist grundsätzlich zu beachten, daß ein Datenname stets einen bestimmten Operanden *bezeichnet* und nicht etwa diesen Operanden *darstellt*. Die Zuordnung zwischen den zu verarbeitenden Operanden und den zu ihrer Bezeichnung eingeführten Datennamen erfolgt durch entsprechende *Datendeklarationen* (vgl. Abschn. 7).
Speziell bei den im Hauptspeicher bereitstehenden Operanden können die Datennamen als *symbolische Adressen* für die entsprechenden Speicherbereiche aufgefaßt werden.
Datennamen können auf der Grundlage der angegebenen Regeln vom Programmierer nach freiem Ermessen eingeführt werden. Insbesondere können Datennamen so festgelegt werden, daß sie mnemotechnische Hinweise auf die durch sie bezeichneten Dateneinheiten darstellen (z. B. NETTO-LOHN, STREU-QUADRAT, EPSILON usw.).

6.2.2. Literale

Konstante Operanden werden in COBOL-Programmen in Form von *Literalen* angegeben. Man unterscheidet drei grundsätzliche Arten von Literalen:

numerische Literale,
alphanumerische Literale,
figurative Konstanten.

Numerische Literale

Numerische Literale dienen in COBOL-Programmen zur Bezeichnung von *Zahlen*. Für die Bildung von numerischen Literalen gelten in COBOL folgende Regeln:

(1) Numerische Literale sind Zeichenreihen, in denen nur die *Ziffern* 0 ... 9, das *Minuszeichen* (—), das *Pluszeichen* (+) sowie das *Dezimalkomma* (,) vorkommen dürfen. Jedes numerische Literal muß mindestens eine Ziffer enthalten.

(2) Von den beiden Vorzeichen (+, —) darf in einem numerischen Literal *höchstens* eins auftreten. Wenn eins von ihnen auftritt, dann muß es als erstes Zeichen des Literals erscheinen.

(3) Das Dezimalkomma darf im numerischen Literal *höchstens* einmal auftreten und niemals das letzte Zeichen eines Literals sein.

Beispiele:

981	
4736,8	
—0,3614	
—,013	(gleichwertig mit — 0,013)
+06,34	

sind den Regeln entsprechende numerische Literale.

471,	(Komma als letztes Zeichen)
9 312,38	(Zwischenraum zwischen 9 und 3)
+ 73,16	(Zwischenraum zwischen + und 7)
496,3—	(Minuszeichen muß als erstes Zeichen stehen)
36.427,49	(Der Punkt darf nicht auftreten)

sind *keine* numerischen Literale der Sprache COBOL.

Diese Festlegungen zur Bildung numerischer COBOL-Literale weichen in der Hinsicht von COBOL-61 ab, daß hier ein Dezimal*komma* verwendet wird. In COBOL-61 wird statt dessen ein Dezimal*punkt* gefordert.

Wie bereits erwähnt, dienen numerische Literale zur *Bezeichnung von Zahlen*. Daraus ergeben sich zwei für die COBOL-Programmierung *entscheidende* Konsequenzen.

Erstens werden die durch ein numerisches Literal bezeichneten Zahlen in der Maschine selbst so dargestellt, wie es die *interne* Zahlendarstellung erfordert. Daraus ergibt sich, daß bei der Speicherung im Hauptspeicher des ROBOTRON-300 das Minuszeichen kein eigenes Zeichen belegt, sondern als Überbit *v* in der letzten (rechten) Ziffernposition erscheint. Weiterhin wird das Dezimalkomma des numerischen Literals nicht im internen Speicher dargestellt. Die Ziffernfolge des numerischen Literals wird als ganzzahlige Festkommazahl gespeichert. Die Maschine nimmt lediglich die im numerischen Literal angegebene *Stellung* des Dezimalkommas als zusätzliche Information entgegen und berücksichtigt diese Kommastellung bei entsprechenden arithmetischen Operationen mit dieser Konstanten.

Numerische Literale werden von der Datenverarbeitungsanlage also als Festkommazahlen in der jeweiligen internen Zahlendarstellung übernommen. Dabei wird ein eventuelles Minuszeichen im Sinne der internen Festkommadarstellung behandelt. Das Dezimalkomma des numerischen Literals wird in ein nicht mitgespeichertes *fiktives* Rechenkomma umgesetzt, das bei arithmetischen Verknüpfungen mit der durch das Literal bezeichneten Konstanten durch entsprechende Stellenverschiebungen im Rechenwerk berücksichtigt wird.

Zweitens werden *verschiedene* numerische Literale, die jedoch *dieselbe Zahl* bezeichnen, von der Datenverarbeitungsanlage völlig gleichartig behandelt. Die numerischen Literale

81,6 0081,6 +081,6000

sind in diesem Sinne als *äquivalent* anzusehen. Welches dieser drei Literale im COBOL-Programm verwendet wird, bleibt ohne jeden Einfluß auf das erzeugte Maschinenprogramm.

Numerische Literale, die kein Vorzeichen enthalten, werden stets als positive Zahlen interpretiert.

Numerische Literale, die kein Dezimalkomma enthalten, werden stets als ganze Zahlen interpretiert.

Die numerischen Literale

0	+00	000	—0	—00	
,0	+0,0	+,000	000,0	—,0	usw.

sind alle äquivalent.

Numerische Literale werden in COBOL-Programmen hauptsächlich für zwei Anwendungsfälle benötigt: zur Bezeichnung eines konstanten Operanden in arithmetischen Verknüpfungsanweisungen oder zur Festlegung von Anfangswerten für numerische Dateneinheiten.

Alphanumerische Literale

Im Gegensatz zu den numerischen Literalen dienen die alphanumerischen Literale zur Darstellung von konstanten *Zeichenfolgen*. Ein alphanumerisches Literal wird in der Datenverarbeitungsanlage als eine Folge der im Literal angegebenen alphanumerischen Zeichen behandelt und dargestellt. Jedes in einem alphanumerischen Literal angegebene Zeichen wird in der Anlage durch die entsprechende interne Darstellung dieses Zeichens ersetzt.

Um alphanumerische Literale von numerischen Literalen äußerlich unterscheidbar zu machen, werden sie stets in Anführungsstriche (") eingeschlossen. Das alphanumerische Literal selbst darf eine beliebige Zeichenreihe aus allen Elementen der COBOL-Zeichenmenge sein. Lediglich das Anführungszeichen (") darf in alphanumerischen Literalen nicht vorkommen, da es zur Markierung von Anfang bzw. Ende des Literals benötigt wird. Das erste Zeichen des Literals muß dem einleitenden Anführungszeichen ohne Abstand folgen. Auf das letzte Zeichen des Literals folgt ohne Abstand das abschließende Anführungszeichen. Abstände (Leerzeichen) unmittelbar nach dem einleitenden und unmittelbar vor dem abschließenden Anführungszeichen werden als Bestandteile des Literals aufgefaßt. Die Anführungsstriche sind *nicht* Bestandteile des Literals, sondern grenzen dieses nur ab.

Beispiele:

"DAS ERGEBNIS LAUTET"
"MITTELWERT :"
"Q-304/36 AN"
"FEHLERHAFTE LOCHKARTE"
"MDN"

In einem alphanumerischen Literal dürfen auch reservierte COBOL-Wörter (vgl. unten) vorkommen.

Alphanumerische Literale werden in COBOL-Programmen hauptsächlich für die folgenden beiden Anwendungsfälle benötigt: Festlegung von Anfangswerten für alphanumerische Dateneinheiten sowie Festlegung von Informationen, die über den Schnelldrucker oder über die Bedienungspultschreibmaschine ausgeschrieben werden sollen.

Abschließend sei noch einmal darauf hingewiesen, daß zwischen den beiden Literalen

+49,36 und
"+49,36"

ein *wesentlicher* Unterschied besteht. Im ersteren Falle handelt es sich um ein numerisches Literal, das den dargestellten *Zahlwert* repräsentiert (4stellige Festkommazahl). Dieses numerische Literal kann in COBOL-Programmen z. B. durch die Literale 49,36 oder 49,360 oder 049,3600 usw. ersetzt werden, ohne daß Rückwirkungen auf das erzeugte Maschinenprogramm entstehen. Im zweiten Falle liegt ein alphanumerisches Literal vor, das die dargestellte *Zeichenfolge* repräsentiert. Es bezeichnet eine aus den angegebenen 6 alphanumerischen Zeichen bestehende Dateneinheit. Die *alphanumerischen* Literale

"+49,36"
"49,36"
"49,360"
"049,3600"

sind dementsprechend alle voneinander zu unterscheiden.

Aufgabe:

Welche von den bisher behandelten Ausdrucksmitteln der Sprache COBOL (Datennamen, numerische Literale, alphanumerische Literale) können durch die im folgenden angegebenen Zeichenreihen gegeben sein?

(1) "PI = 3,14"
(2) PI
(3) 3,14
(4) PI = 3,14
(5) 6 312,9
(6) "MITTLERE ABWEICHUNG"
(7) MITTLERE ABWEICHUNG
(8) MITTLERE-ABWEICHUNG
(9) MITTLERE-QUADRATISCHE-ABWEICHUNG

Hinweise zur Lösung:

(1) Alphanumerisches Literal
(2) Datenname
(3) Numerisches Literal
(4) Keines der bisher behandelten Ausdrucksmittel
(5) *Kein* numerisches Literal! (Abstand zwischen den Zeichen 6 und 3)
(6) Alphanumerisches Literal
(7) *Kein* Datenname! (Abstände dürfen nicht auftreten)
(8) Datenname
(9) *Kein* Datenname! (Mehr als 30 Zeichen)

Figurative Konstanten

In einigen speziellen Fällen kann die Festlegung von Anfangswerten für bestimmte Dateneinheiten auch mit Hilfe figurativer Konstanten erfolgen. Dies geschieht in der Regel dadurch, daß mit Hilfe einer Transportanweisung (MOVE-Anweisung) die entsprechende figurative Konstante in den durch den Datennamen dieser Dateneinheit bezeichneten Speicherbereich transportiert wird.
Im folgenden seien die wichtigsten in COBOL vorgesehenen figurativen Konstanten kurz besprochen.

ZERO, ZEROES, ZEROS

Die drei genannten figurativen Konstanten sind einander gleichwertig. Ihre Bedeutung ist jeweils die Ziffer 0 oder eine Folge von Nullen. Wie viele Nullen jeweils von dieser figurativen Konstanten bezeichnet werden, hängt davon ab, welche Länge derjenige Speicherbereich jeweils besitzt, dessen Anfangswert durch ZERO , ZEROES oder ZEROS festgelegt werden soll. Wird z. B. die COBOL-Transport-Anweisung (vgl. später)

MOVE ZEROES TO SUMME

gegeben, in der der Datenname SUMME einen Speicherbereich von 8 Stellen bezeichnet, so stellt die figurative Konstante ZEROES in diesem Falle eine Folge von 8 Nullen dar (in jede Stelle des empfangenen Speicherbereichs wird eine Null transportiert).

SPACE , SPACES

Diese beiden einander gleichwertigen figurativen Konstanten bezeichnen jeweils ein Leerzeichen (Zwischenraumzeichen) oder eine Folge von Leerzeichen, deren Länge sich wieder aus der Länge des Speicherbereichs ergibt, in den diese figurative Konstante transportiert wird.

QUOTE

Die figurative Konstante QUOTE bezeichnet ein Anführungszeichen ("). Sie wird hauptsächlich für den folgenden typischen Anwendungsfall benötigt:

Über die Schreibmaschine des Bedienungspultes soll die Zeichenfolge "EPSILON" ausgeschrieben werden (mit Anführungsstrichen!). Das Ausschreiben über die Schreibmaschine wird durch das COBOL-Wort DISPLAY ausgedrückt (vgl. später).
Durch die Anweisung

DISPLAY "EPSILON"

wird aber "EPSILON" als alphanumerisches Literal aufgefaßt und nur EPSILON (ohne Anführungsstriche) geschrieben. Um zu erreichen, daß in diesem Falle die Anführungsstriche mitgeschrieben werden, muß eine DISPLAY-Anweisung mit drei Operanden geschrieben werden:

DISPLAY QUOTE, "EPSILON", QUOTE.

In diesem Falle wird zunächst der 1. Operand (QUOTE) in Form von Anführungsstrichen geschrieben; dann wird EPSILON und schließlich werden wieder Anführungsstriche geschrieben. Man erhält also "EPSILON".

Eine weitere Art von figurativen Konstanten erhält man durch das COBOL-Wort ALL und ein nach einem Zwischenraum folgendes (numerisches oder alphanumerisches) Literal:

ALL ⟨Literal⟩

Eine derartige figurative Konstante bezeichnet eine Zeichenfolge, in der sich die durch das angegebene Literal bezeichnete Zeichenfolge periodisch wiederholt. Die Länge der gesamten Zeichenfolge richtet sich wieder nach der Länge des Speicherbereichs, in den diese figurative Konstante transportiert wird.

Beispiele:

MOVE ALL 9 TO SUMME

Hierbei wird in jede Stelle des durch den Datennamen SUMME bezeichneten Speicherbereichs die Ziffer 9 transportiert.

MOVE ALL "ABC" TO ALPHA

Ist der durch den Datennamen ALPHA bezeichnete Speicherbereich 10stellig, so erhält er den Inhalt ABCABCABCA. Ist dieser Speicherbereich nur 2stellig, so erhält er den Inhalt AB.

6.3. Reservierte COBOL-Wörter

Bisher wurden systematisch nur diejenigen Ausdrucksmittel der COBOL-Sprache behandelt, die zur Kennzeichnung der in einem COBOL-Programm zu verarbeitenden *Operanden* dienen (Datennamen, numerische Literale, alphanumerische Literale, figurative Konstanten).
Zu den Elementen eines COBOL-Programms gehören nun weiter Ausdrucksmittel, die einerseits die durch Datennamen bezeichneten Dateneinheiten *beschreiben* und andererseits die mit den Operanden durchzuführenden Verknüpfungen sowie alle weiteren, für den Programmablauf notwendigen Operationen *befehlen*.
Als Ausdrucksmittel für die erforderlichen Datenbeschreibungen und für die auszuführenden Transport-, Verknüpfungs-, Test-, Sprung- sowie Eingabe- und Ausgabeoperationen werden vorwiegend *reservierte COBOL-Wörter* verwendet.
Reservierte COBOL-Wörter sind Zeichenfolgen aus Buchstaben, Bindestrichen und Ziffern des COBOL-Alphabets, die eine genau festgelegte Bedeutung besitzen. Die Wörter MOVE, TO und DISPLAY, die im letzten Abschnitt bereits verwendet wurden, stellen typische Beispiele für reservierte COBOL-Wörter dar. Es soll an dieser Stelle keine vollständige Übersicht über alle in COBOL vorgesehenen reservierten Wörter gegeben werden. Bei der Behandlung der einzelnen Bestandteile von COBOL-Programmen werden die reservierten Wörter jeweils dann eingeführt, wenn sie benötigt werden.
Die figurativen Konstanten ZERO, ZEROES. ZEROS, SPACE, SPACES sowie das in diesem Zusammenhang verwendete Wort ALL stellen ebenfalls reservierte COBOL-Wörter dar.

6.4. Gesamtstruktur von COBOL-Programmen

6.4.1. COBOL-Elemente, Trennzeichen

Datennamen, numerische und alphanumerische Literale, figurative Konstanten und reservierte Wörter stellen die wichtigsten *Elemente* von COBOL-Programmen dar. Nach den Regeln der *Syntax*[1]) der Sprache COBOL können Folgen derartiger COBOL-Elemente gebildet werden. Die einzelnen Elemente werden in derartigen Folgen durch *Trennzeichen* voneinander abgegrenzt. Als Trennzeichen sind in COBOL das *Leerzeichen* (Zwischenraumzeichen), das *Komma*, das *Semikolon* und der *Punkt* zugelassen.
Den einzelnen Folgen von COBOL-Elementen ist durch die *Semantik*[2]) der Sprache COBOL jeweils eine bestimmte *beschreibende* (deskriptive) bzw. *handlungsbefehlende* (operative) Bedeutung zugeordnet. Die syntaktischen und semantischen Regeln der Sprache COBOL werden in den folgenden Abschnitten nach und nach systematisch behandelt werden. An dieser Stelle sollen zunächst einige syntaktische Grundregeln angegeben werden, die für alle Teile von COBOL-Programmen von Bedeutung sind.
Wie bereits erwähnt, können die COBOL-Elemente im einfachsten Falle durch Leerzeichen (Abstand) getrennt werden. Als Beispiel dafür sei noch

[1]) Lehre vom formalen Aufbau der Ausdrucksmittel einer Sprache.
[2]) Lehre von der inhaltlichen Bedeutung der Ausdrucksmittel einer Sprache.

einmal die bereits angedeutete COBOL-Anweisung zum Ausschreiben einer Dateneinheit über die Schreibmaschine des Bedienungspultes angegeben. Sie besteht aus dem reservierten COBOL-Wort DISPLAY, dem die auszugebende Dateneinheit in Form eines *Datennamens*, eines numerischen oder alphanumerischen *Literals* oder einer *figurativen Konstanten* folgt. Die Trennung zwischen diesen beiden Bestandteilen der DISPLAY-Anweisung erfolgt durch ein Leerzeichen:

DISPLAY SUMME

DISPLAY 3614

DISPLAY "END-BETRAG:"

Die Trennung kann jeweils durch *ein* Leerzeichen oder durch eine *ununterbrochene* Folge von *mehreren* Leerzeichen erfolgen.

Jede nur aus Leerzeichen bestehende Folge von COBOL-Zeichen ist in diesem Sinne einem einzigen Leerzeichen gleichwertig.

Die Anweisung

DISPLAY SUMME

ist also vollständig gleichwertig mit

DISPLAY   SUMME

In vielen Fällen *können* oder *müssen* zur Trennung von COBOL-Elementen in COBOL-Programmen die *eigentlichen* Interpunktionszeichen (Komma, Semikolon, Punkt) verwendet werden. Für diese Interpunktionszeichen gelten folgende Regeln:

(1) Das Interpunktionszeichen hat dem vorangegangenen COBOL-Element *unmittelbar*, d. h. ohne Abstand, zu folgen.

(2) Dem Interpunktionszeichen folgt *stets* ein Leerzeichen (Abstand).

(3) Nach diesem Abstand folgt das nächste COBOL-Element.

Als Beispielmaterial sei wiederum auf die DISPLAY-Anweisung zurückgegriffen. Es besteht die Möglichkeit, mit *einer* DISPLAY-Anweisung mehrere Dateneinheiten nacheinander über die Schreibmaschine auszugeben.

Beispiel :

Im Programm wurde die Dateneinheit SUMME berechnet. Durch die Anweisung

DISPLAY "SUMME BETRAEGT: ", SUMME, " MDN"

wird zunächst das alphanumerische Literal SUMME BETRAEGT: und daran anschließend der Wert der durch den Datennamen SUMME gekennzeichneten Dateneinheit ausgeschrieben. Schließlich wird das alphanumerische Literal MDN ausgegeben. Beträgt die Dateneinheit Summe z. B. 4936, so erhält man als Druckbild

SUMME BETRAEGT: 4936 MDN

Die drei Operanden dieser DISPLAY-Anweisung wurden jeweils nach den oben angegebenen Regeln durch Kommata getrennt.

Eine besondere Rolle spielen in COBOL diejenigen Folgen von COBOL-Elementen, die durch einen *Punkt* als Interpunktionszeichen abgeschlossen werden. Sie heißen COBOL-*Sätze* (Sätze eines COBOL-Programms). So kann z. B. die oben angegebene DISPLAY-Anweisung in der Form

DISPLAY "SUMME BETRAEGT: ", SUMME, " MDN".

durch einen abschließenden Punkt zu einem COBOL-Satz gemacht werden. COBOL-Sätze besitzen stets eine genau festgelegte deskriptive oder operative Bedeutung (Semantik). COBOL-Programme stellen stets Folgen von COBOL-Sätzen dar.

Um Mißverständnissen vorzubeugen, sei darauf hingewiesen, daß dieser COBOL-Satz *dasselbe* Druckbild wie oben angegeben erzeugt. Der abschließende Punkt des COBOL-Satzes wird also (ebenso wie die übrigen Interpunktionszeichen des COBOL-Programms) *nicht* ausgegeben. Soll das Druckbild durch einen Punkt abgeschlossen werden, so kann dies durch den COBOL-Satz

DISPLAY "SUMME BETRAEGT: ", SUMME, " MDN.".

erreicht werden.

Um zu zeigen, daß die Interpunktionsregeln in COBOL nicht nur formal von Bedeutung, sondern auch für die inhaltliche Seite des geschriebenen Programms ausschlaggebend sind, seien die folgenden beiden COBOL-Sätze gegenübergestellt:

ADD 3,14 TO SUMME.

ADD 3, 14 TO SUMME.

Im ersten Falle ergibt sich die Rechnung

SUMME ⇐ SUMME + 3,14

Im zweiten Falle dagegen:

SUMME ⇐ SUMME + 3 + 14.

6.4.2. COBOL-Programmierungsformulare

Die beigefügte Anlage zeigt den Aufbau eines Formulars zur Niederschrift von COBOL-Programmen. Die Formulare werden fortlaufend zeilenweise beschrieben. In jeder Spalte jeder Zeile erscheint dabei ein COBOL-Zeichen. Jede Formularzeile enthält 80 Spalten (Zeichenpositionen) und ist damit dem Fassungsvermögen einer Lochkarte angepaßt.

Die ersten 7 Spalten jeder Zeile dienen Sonderzwecken. Die Spalten 1 ... 6 (von links gerechnet) dienen der *Numerierung* der jeweiligen Programmzeile. Dabei stellen die Ziffereintragungen in den Spalten 1 ... 3 die *Blatt*nummer und die Ziffereintragungen in den Spalten 4 ... 6 die *Zeilen*nummern auf diesem Blatt dar. Bei der normalen Numerierung empfiehlt es sich, die jeweils niedrigste Ziffernposition nicht mit auszunutzen und stets gleich Null zu wählen. Die Zeilennummern eines Blattes können dann z. B. in der Reihenfolge 010, 020, 030, ..., 240, ... numeriert werden. Entsprechendes gilt für die Blattnummern. Stellt sich bei der Niederschrift des Programms heraus, daß in ein bereits fertig geschriebenes Blatt einige zusätzliche Zeilen eingefügt werden müssen oder daß ein neues Blatt zwischen zwei fertig geschriebene Blätter eingefügt werden muß, so brauchen die bereits fertigen Programmteile weder noch einmal neu geschrieben noch umnumeriert zu werden.

Sollen auf Blatt Nr. 020 zwischen den Zeilen 130 und 140 vier zusätzliche Zeilen eingefügt werden, so können diese zusätzlichen Zeilen an beliebiger Stelle des Programms mit den Nummern 020 131, 020 132, 020 133, 020 134 angefügt werden. Nach dem Ablochen des Gesamtprogramms ist nur noch erforderlich, die Programmeingabelochkarten nach den sechsstelligen Nummern zu *sortieren* (eine Lochkarte enthält eine Programmzeile). Um dabei das Lesen der Programme nicht unnötig zu erschweren, empfiehlt es sich, auf jedem Blatt einige Zeilen zur späteren Einfügung von Programmzeilen frei zu lassen, so daß diese wenigstens auf dem richtigen Blatt nachgetragen werden können.

Von Spalte 8 (Markierung A) bzw. von Spalte 12 (Markierung B) an werden die einzelnen Sätze eines COBOL-Programms zeilenweise fortlaufend in das Formular eingetragen. Dabei ist es sowohl zulässig, daß mehrere Sätze in einer Zeile stehen als auch, daß ein Satz sich über mehrere Zeilen erstreckt. Ein Wechsel vom Ende einer Formularzeile zum Anfang der folgenden Zeile wird von der Anlage als *Leerzeichen* interpretiert. Um beim Zeilenwechsel ein COBOL-Element (z. B. einen Datennamen oder ein reserviertes Wort) nicht zerreißen zu müssen, besteht daher die Möglichkeit, eine Zeile vorzeitig zu beenden und das nächste Element in der nächsten Zeile zu beginnen. Jede nicht beschriebene Zeichenposition einer Zeile wird als Leerzeichen aufgefaßt.

Andererseits ist es aber auch möglich, ein COBOL-Element an *beliebiger* Stelle bei Zeilenwechsel zu *trennen*. Dabei ergeben sich allerdings folgende Besonderheiten. Da der Zeilenwechsel einem Leerzeichen (Abstand) gleichwertig ist, wird normalerweise das COBOL-Element bei Zeilenwechsel unzulässigerweise zerrissen. Andererseits darf an der Trennstelle nicht wie bei umgangssprachlichen Texten mit Bindestrichen gearbeitet werden. Die Maschine hätte dann nämlich keine Möglichkeit zu erkennen, ob der Bindestrich als *normaler* Bestandteil des COBOL-Elements oder als ein zusätzlicher Hinweis auf Elementtrennung aufgefaßt werden soll. Die Trennung von COBOL-Elementen bei Zeilenwechsel auf dem Formular wird deshalb grundsätzlich nach folgenden Regeln vollzogen:

(1) Unter Ausnutzung der *vollen* Zeilenbreite werden die ersten Zeichen des zu trennenden COBOL-Elements in die abzuschließende Zeile geschrieben.

(2) Das COBOL-Element wird in der nächsten Zeile mit seinen restlichen Zeichen weitergeschrieben.

(3) Um anzuzeigen, daß in diesem Falle der Zeilenwechsel *nicht* als Leerzeichen zu interpretieren ist, wird in Spalte 7 der *neuen* Zeile ein Bindestrich eingetragen.

Das in der Anlage als Beispiel eingetragene Programmstück, dessen Einzelheiten nach den bisherigen Darlegungen noch nicht voll verständlich sind, zeigt beide genannten Formen des Zeilenwechsels.

6.4.3. Gliederung eines COBOL-Programms

Es wurde bereits betont, daß jede Folge von COBOL-Elementen, die durch einen Punkt abgeschlossen werden darf, einen *Satz (sentence)* eines COBOL-Programms darstellt. Diese Programmsätze besitzen stets eine genau festgelegte deskriptive oder operative Bedeutung. Die syntaktischen Regeln zur Bildung von COBOL-Sätzen werden später im einzelnen dargelegt. Der weitere Aufbau von COBOL-Programmen aus COBOL-Sätzen besitzt sehr viel Ähnlichkeit mit der Gliederung eines Aufsatzes oder eines Buches.

Eine Folge von *Sätzen* kann zu einem *Paragraphen (paragraph)* des COBOL-Programms zusammengefaßt werden. Jeder Paragraph beginnt mit einer ihn kennzeichnenden *Überschrift*, die auch als *Name* des Paragraphen aufgefaßt werden kann. An diese Überschrift schließt sich ein Punkt an, und darauf folgt nach einem Leerzeichen die Folge von Sätzen, die zu diesem Paragraphen zusammengeschlossen werden soll.

Beispiel:

```
SUMMEN-BERECHNUNG.
ADD BETRAG-1, BETRAG-2 GIVING SUMME.
DISPLAY "SUMME = ", SUMME, "MDN".
```

Dieser Paragraph enthält zwei COBOL-Sätze. Der Paragraphenname (Überschrift) ist vom Programmierer so *gewählt*, daß er den Inhalt des Paragraphen mnemotechnisch günstig wiedergibt. Zur übersichtlichen Darstellung des Paragraphen ist von der Möglichkeit Gebrauch gemacht worden, nach dem die Überschrift abschließenden Punkt eine neue Zeile zu beginnen (jede Folge von Leerzeichen ist einem einzigen Leerzeichen gleichwertig!).

Paragraphennamen können (wie das Beispiel zeigt) teilweise vom Programmierer nach freiem Ermessen unter Beachtung bestimmter Regeln (vgl. PROCEDURE DIVISION) festgelegt werden. In gewissen Programmteilen sind derartige Paragraphennamen jedoch durch genau festgelegte COBOL-Namen (reservierte Wörter) dem Programmierer vorgegeben.

Paragraphen dürfen auch aus einem einzigen Satz bestehen.

Folgen von Paragraphen können ihrerseits wieder zu einem *Kapitel (section)* zusammengefaßt werden. Ein Kapitel *(section)* eines COBOL-Programms beginnt wieder mit einer Kapitelüberschrift, die als *Name* des Kapitels (der *section*) anzusehen ist. Dem Kapitelnamen folgt nach einem Leerzeichen das reservierte COBOL-Wort SECTION und darauf (ohne Abstand) ein Punkt. Die einzelnen Paragraphen der *section* folgen dann *nach Zeilenwechsel.*

Beispiel:

```
ABZUG-BERECHNUNG SECTION.
SV-BEITRAG-BERECHNUNG.
IF BRUTTO < 600 DIVIDE 10 INTO BRUTTO GIVING
SV-BEITR ROUNDED ELSE MOVE 60 TO SV-BEITR.
LOHN-STEUER-BERECHNUNG.
.............................................
.............................................
KRANKHEIT-ABZ-BERECHN.
.............................................
.............................................
ABZ-SUMMEN-BERECHN.
ADD SV-BEITRAG, LOHN-STEUER, KRANKHEITS-ABZ
GIVING ABZ-SUMME. DISPLAY "ABZUEGE:", ABZ-
SUMME, "MDN".
```

Dieses Kapitel mit der Überschrift ABZUG-BERECHNUNG SECTION enthält vier Paragraphen. Die mittleren beiden Paragraphen sind hier nicht näher ausgeführt.

Kapitel *(sections)* dürfen auch aus einem einzigen Paragraphen bestehen. Die Kapitelnamen (*section*-Namen) können ähnlich wie die Paragraphennamen teilweise vom Programmierer selbst relativ freizügig festgelegt werden. In bestimmten Fällen (vgl. z. B. DATA DIVISION) sind jedoch auch hier standardisierte Kapitelnamen in Form von reservierten COBOL-Wörtern vorgeschrieben. Schließlich werden die einzelnen Kapitel eines COBOL-Programms zu *Teilen (divisions)* zusammengefaßt.

Jedes COBOL-Programm *muß* genau vier *Teile (divisions)* enthalten. Die vier Teile eines COBOL-Programms beginnen jeweils mit genau festgelegten Überschriften, die als standardisierte Namen dieser Teile in Form von reservierten COBOL-Wörtern aufzufassen sind. Diesen folgt jeweils nach einem Leerzeichen das reservierte COBOL-Wort DIVISION und darauf (ohne Abstand) ein Punkt. Nach einem Zeilenwechsel folgen die einzelnen Kapitel des jeweiligen Abschnitts.

Die vier Abschnitte eines COBOL-Programms haben folgende Kopfzeilen

```
IDENTIFICATION DIVISION.
ENVIRONMENT DIVISION.
DATA DIVISION.
PROCEDURE DIVISION.
```

Diese vier *divisions* müssen in der angegebenen Reihenfolge in die Anlage zur Programmübersetzung eingegeben werden. Sie sollen im folgenden im einzelnen besprochen werden. Die Besprechung der vier *divisions* eines COBOL-Programms erfolgt jedoch nicht in der hier verzeichneten Reihenfolge der Programmeingabe, sondern besser in der Reihenfolge, in der diese vier *divisions* vom Programmierer in der Regel geschrieben werden. An dieser Stelle sei lediglich noch angedeutet, welche prinzipielle Rolle die einzelnen vier *divisions* in einem COBOL-Programm spielen.

Die *identification division* hat auf den eigentlichen Ablauf des Programms keinen Einfluß. Sie dient lediglich zur *Dokumentation* im Rahmen der Programmbibliothek.

Die *environment division* (*environment:* Umgebung) legt fest, in welcher Weise die externen Eingabe- und Ausgabegeräte mit der Zentraleinheit im jeweiligen Programm zusammenarbeiten sollen. Sie ist deshalb stark von den Ausrüstungsmöglichkeiten der jeweiligen Anlage abhängig. Alle Eintragungen der *environment division* sind beschreibender Natur.

Die *data division* dient zu einer weitgehend maschinenunabhängigen *Beschreibung* der zu verarbeitenden *files, records* und Dateneinheiten. Alle Eintragungen der *data division* sind daher als Datendeklaration aufzufassen. Diese *division* wird vom Programmierer in der Regel als erste geschrieben.

Die *procedure division* enthält die *operativen* Teile eines Programms. Hier wird der Algorithmus zur Verarbeitung der einzelnen Dateneinheiten festgelegt.

7. DATA DIVISION

7.1. Aufgabenstellung

Operanden, die im Hauptspeicher oder in Eingabe*files* bereitstehen bzw. für Ausgabe*files* bereitgestellt werden sollen, werden in COBOL-Programmen durch *Datennamen* angesprochen. Bei der Übersetzung des COBOL-Programms in die jeweilige Maschinensprache müssen alle diese Datennamen durch die Anfangsadresse und die Begrenzung (Begrenzungsmarke oder Längenangabe) des durch sie bezeichneten Hauptspeicherbereichs ersetzt werden. Dazu muß der Anlage im COBOL-Programm der Speicherplatzbedarf jeder durch einen Datennamen bezeichneten Dateneinheit mitgeteilt werden. Dies geschieht durch entsprechende *Datendeklarationen* in der DATA DIVISION eines COBOL-Programms.

Auf Grund der Datendeklaration teilt das Übersetzungsprogramm jedem auftretenden Datennamen einen bestimmten Speicherbereich zu. Dies geschieht im einfachsten Falle dadurch, daß alle durch Datennamen bezeichneten Dateneinheiten von einer bestimmten Leitadresse an nacheinander Speicherbereiche mit aufsteigenden Anfangsadressen zugewiesen erhalten. Am Anfang wird ein *Speicherplatzzähler* auf die genannte Leitadresse eingestellt. Jedesmal, wenn nun ein neuer Datenname deklariert wird, wird ihm der momentane Stand des Speicherplatzzählers als Anfangsadresse zugewiesen. Anschließend wird der Speicherplatzzähler um die Länge (Stellenzahl) dieser Dateneinheit erhöht. Der Datenname und die auf diese Weise für ihn festgelegte Anfangsadresse des zugeordneten Speicherbereichs wird jeweils als neue Adreßbuchzeile in ein ebenfalls automatisch vom Übersetzungsprogramm angelegtes Adreßbuch einsortiert. Aus diesem Adreßbuch kann später für jeden verwendeten Datennamen vom Übersetzungsprogramm die zugehörige Speicheradresse entnommen und in das Maschinenprogramm eingefügt werden.

Besonders wichtig ist es auch, daß dem Übersetzungsprogramm in geeigneter Weise die Struktur der zu verarbeitenden Eingabe*files* sowie der resultierenden Ausgabe*files* mitgeteilt wird. Nach dem bisher behandelten Ausstattungsgrad der Datenverarbeitungsanlage handelt es sich hier zunächst um Lochkartenstapel (eine Lochkarte repräsentiert einen Datensatz) und um Tabellen bzw. Formulare, die vom Schnelldrucker ausgeschrieben werden (eine Druckzeile repräsentiert einen Datensatz).

Die genannten Aufgaben der DATA DIVISION lassen sich folgendermaßen zusammenfassen:

In der DATA DIVISION werden alle Datenstrukturen sowie alle darin auftretenden Dateneinheiten, die in Eingabe*files*, in Ausgabe*files* sowie im Hauptspeicher vorkommen, durch entsprechende Datendeklarationen beschrieben. Diese Datendeklarationen enthalten alle diejenigen Angaben, die für das Übersetzungsprogramm benötigt werden, um allen Dateneinheiten den erforderlichen Platz im Hauptspeicher zur Verfügung zu stellen und bei der Aufstellung des Maschinenprogramms alle Datennamen durch die entsprechenden Hauptspeicheradressen ersetzen zu können.

7.2. Gesamtstruktur der DATA DIVISION

Die DATA DIVISION eines COBOL-Programms beginnt mit der Überschrift

DATA DIVISION.

Diese Überschrift, der ohne Abstand ein Punkt zu folgen hat, beginnt in der Spalte 8 des Programmierungsformulars (vgl. Anlage) und stellt für sich allein eine Zeile des COBOL-Programms dar.

Innerhalb der DATA DIVISION folgen nun in genau festgelegter Reihenfolge drei *sections* (Kapitel): die FILE SECTION, die WORKING-STORAGE SECTION und die CONSTANT SECTION.

Die FILE SECTION der DATA DIVISION dient der Deklaration der *Gesamtstrukturen* aller in diesem Programm vorkommenden Eingabe*files* und Ausgabe*files*. Diese *section* beginnt mit der Überschrift

FILE SECTION.

Diese Überschrift, der ohne Abstand ein Punkt zu folgen hat, beginnt in der Spalte 8 des Programmierungsformulars (vgl. Anlage) und stellt für sich allein eine Zeile des COBOL-Programms dar.

Die WORKING-STORAGE SECTION der DATA DIVISION dient der Deklaration aller Zwischenergebnisse, die während der eigentlichen Rechnung anfallen und im Hauptspeicher untergebracht werden müssen. Die WORKING-STORAGE SECTION beginnt mit der Überschrift

WORKING-STORAGE SECTION.

Für diese Überschrift gelten die für die Überschrift der FILE SECTION genannten Regeln (*working storage:* Arbeitsspeicher).

Die CONSTANT SECTION der DATA DIVISION dient zur Deklaration der im Hauptspeicher bereitzustellenden und durch Datennamen zu bezeichnenden Konstanten. Diese *section* beginnt mit der Überschrift

CONSTANT SECTION.

Es gelten die bei der Überschrift der FILE SECTION genannten Regeln.

Abschließend sei ein Überblick über die Gesamtstruktur der DATA DIVISION gegeben:

```
DATA DIVISION.
FILE SECTION.
.....................................................
.....................................................
WORKING-STORAGE SECTION.
.....................................................
.....................................................
CONSTANT SECTION.
.....................................................
.....................................................
```

7.3. FILE SECTION der DATA DIVISION

In der FILE SECTION müssen einerseits die Gesamtstruktur aller am jeweiligen Programm beteiligten Eingabe*files* und Ausgabe*files* sowie andererseits für jeden *file* die einzelnen Datensätze *(records)* sowie alle darin vorkommenden Dateneinheiten beschrieben werden. Die FILE SECTION enthält daher für jeden vorkommenden *file* eine *file*-Beschreibung (*file description;* kurz: FD). Diese *file*-Beschreibungen werden (in beliebiger Reihenfolge) nacheinander in der FILE SECTION niedergeschrieben. Es genügt daher, den Aufbau *einer* derartigen *file*-Beschreibung genauer zu behandeln.
Jede *file*-Beschreibung stellt eine Folge von *Eintragungen (entries)* dar. Die Eintragung *(entry)* ist die wichtigste Ausdrucksform der gesamten DATA DIVISION. Die einzelnen Eintragungen werden jeweils durch einen Punkt als Trennzeichen abgeschlossen und stellen daher die Programm*sätze* der DATA DIVISION dar (vgl. Abschn. 6.4.3). Alle Eintragungen besitzen die folgende gemeinsame Grundstruktur:

(1) Jede Eintragung beginnt mit einer zweistelligen *Stufennummer* in einer neuen Zeile des Programmierungsformulars.
(2) Auf die Stufennummer folgt nach einem Abstand ein *Datenname*, der die jeweils zu beschreibende Datenstruktur benennt.
(3) An den Datennamen schließt sich nach einem Abstand eine Folge von *Klauseln* an, die der Beschreibung der jeweiligen Datenstruktur dienen. Die einzelnen Klauseln können entweder einfach durch Abstände oder auch jeweils durch ein Semikolon voneinander getrennt werden.

7.3.1. Die file-Eintragung einer file-Beschreibung

Am Anfang jeder *file*-Beschreibung steht eine *file*-Eintragung, in der die Gesamtstruktur des *file* beschrieben wird.
Diese *file*-Eintragung beginnt stets mit der standardisierten Stufennummer FD, mit der in Spalte 8 des Programmierungsformulars eine neue Zeile begonnen wird. Diese standardisierte Stufennummer FD kann als reserviertes COBOL-Wort aufgefaßt werden und kennzeichnet den Beginn einer neuen *file*-Beschreibung. Nach einem Abstand folgt ein *Datenname*, der vom Programmierer zur Benennung dieses *file* eingeführt wurde (*file*-

Name). Daran endlich schließt sich nach einem Abstand eine Folge von *file*-Klauseln an, die die Gesamtstruktur dieses *file* beschreiben und durch Leerzeichen oder Semikolon getrennt werden. Ist innerhalb der *file*-Eintragung ein Zeilenwechsel auf dem Programmierungsformular erforderlich, so sind alle folgenden Zeilen dieser Eintragung in Spalte 12 zu beginnen. Der Gesamtaufbau einer *file*-Eintragung läßt sich folgendermaßen symbolisch darstellen:

$$\textbf{FD}\ \langle \textit{file}\text{-Name}\rangle \left[\langle \textit{file}\text{-Klausel}\rangle \begin{matrix}2\ldots 8\\(;)\end{matrix}\right].$$

Diese Symbolik ist folgendermaßen zu verstehen:

(1) Wörter aus großen Buchstaben bedeuten reservierte COBOL-Wörter (z. B. FD).

(2) Jedes auftretende COBOL-Zeichen (z. B. Abstand, Punkt) bedeutet sich selbst.

(3) Wörter in spitzen Klammern (z. B. ⟨*file*-Name⟩) bedeuten *metasprachliche*[1]) Begriffe und sind für konkrete Programme entsprechend zu ersetzen (z. B. ⟨*file*-Name⟩ durch einen vom Programmierer ausgewählten Datennamen).

(4) Eckige Klammern sollen andeuten, daß ihr Inhalt mehrfach hintereinander auftritt. Zum Beispiel kann in diesem Falle eine Folge von mehreren *file*-Klauseln auftreten.

(5) Innerhalb der schließenden eckigen Klammer kann *oben* angegeben werden, wie oft der Inhalt dieser Klammer mehrfach hintereinander auftreten kann.

(6) Innerhalb der schließenden eckigen Klammer kann *unten* angegeben werden, durch welches Trennzeichen die einzelnen Glieder dieser Folge zu trennen sind. Ist keine diesbezügliche Angabe gemacht, so gilt stets das Leerzeichen als Trennzeichen. Trennzeichen, die wahlweise statt des Leerzeichens verwendet werden können, werden (wie oben z. B. das Semikolon) in runden Klammern angegeben.

Von den insgesamt acht in COBOL-61 zur Verfügung stehenden *file*-Klauseln sollen in diesem Band nur die beiden in jeder *file*-Eintragung obligatorischen Klauseln behandelt werden.

Dies sind

die DATA RECORD-Klausel und
die LABEL RECORD-Klausel.

DATA RECORD-Klausel. Diese Klausel läßt sich symbolisch in der Gestalt

[1]) Metasprache: Sprache, in der eine andere Sprache beschrieben wird.

```
DATA { RECORD IS   } [ ⟨Datenname⟩     ]
     { RECORDS ARE } [             (,) ]
```

darstellen. Neu an der Symbolik dieser Klausel sind folgende Vereinbarungen:

(7) Von den in geschweiften Klammern stehenden Ausdrucksmitteln hat der Programmierer jeweils das im Einzelfall Passende auszuwählen (im Beispiel unterliegt es dem *Ermessen* des Programmierers, sich für eine der beiden Redeweisen zu entscheiden).

(8) **Unterstrichene** reservierte Wörter sind obligatorische Bestandteile der jeweiligen Klauseln. Sie sind die Schlüsselwörter *(key words)*, die dem Übersetzungsprogramm zur Verfügung stehen müssen.

(9) **Alle übrigen** reservierten Wörter dienen der Lesbarkeit des geschriebenen Programms und können wahlweise weggelassen werden (Lesbarkeitswörter: *readeability words*).

Im einfachsten Falle wird in der DATA RECORD-Klausel durch

DATA RECORD IS ⟨Datenname⟩ •

allen (in diesem Falle als strukturell gleichartig vorausgesetzten) Datensätzen *(records)* eines *file* ein *gemeinsamer* Datenname zugewiesen. Das bedeutet, daß z. B. in einem Lochkartenstapel mit gemeinsamer Kartenart alle Lochkarten denselben Datennamen erhalten.

Bei der Übersetzung dieser DATA RECORD-Klausel wird für diesen *file* ein Speicherbereich im Hauptspeicher reserviert, der den Inhalt eines Datensatzes (z. B. einer Lochkarte) aufnehmen kann. Je nachdem, ob es sich um einen Eingabe*file* oder einen Ausgabe*file* handelt, dient dieser Speicherbereich entweder zur Eingabe oder zur Ausgabe der einzelnen Datensätze dieses *file*. Im Falle eines Eingabe*file* werden durch entsprechende Eingabeanweisungen *nacheinander* die einzelnen Datensätze dieses *file* in diesem Eingabebereich bereitgestellt. Zur Weiterverarbeitung kann auf diesen Speicherbereich durch den in der DATA RECORD-Klausel angegebenen Datennamen Bezug genommen werden. Auf diese Weise steht immer nur ein Datensatz des Eingabe*file* zur Weiterverarbeitung in dem für alle *records* gemeinsamen Eingabebereich zur Verfügung.

Im Falle eines Ausgabe*file* sind die auszugebenden Datensätze durch entsprechende Transportanweisungen nacheinander in den für alle Datensätze dieses Ausgabe*file* gemeinsamen Ausgabebereich zu transportieren. Auf diesen gemeinsamen Ausgabebereich kann durch den in der DATA RECORD-Klausel festgelegten Datennamen Bezug genommen werden.

Bisher ist davon ausgegangen worden, daß alle Datensätze eines *file* in ihrer Struktur übereinstimmen. Es kommt jedoch häufig vor, daß ein *file* Datensätze unterschiedlicher Struktur enthält. So können z. B. in einem Lochkarteneingabe*file* Stammkarten und Änderungskarten in entsprechend sortierter Folge auftreten. Andererseits kann ein über Schnelldrucker auszugebender *file* Einzelzeilen, Zwischensummenzeilen und Endsummenzeilen enthalten, die in ihrer Struktur jeweils unterschiedlich aufgebaut sein können.

Deshalb bietet die DATA RECORD-Klausel die Möglichkeit, mehrere Datennamen zur Kennzeichnung der strukturell unterschiedlichen Datensätze anzugeben. Für jede Gruppe strukturell gleichartiger Datensätze innerhalb dieses *file* wird ein Datenname festgelegt, der allen Datensätzen dieser Gruppe gemeinsam ist. Die Anzahl der Datennamen in der DATA RECORD-Klausel ist also durch die Anzahl der strukturell unterschiedlichen Datensätze gegeben, die in diesem *file* auftreten. Bei der Übersetzung dieser DATA RECORD-Klausel werden alle Eingabe- bzw. Ausgabebereiche, die im Hauptspeicher für die einzelnen Gruppen von Datensätzen zu reservieren sind, an einer *gemeinsamen* Anfangsadresse begonnen. Dadurch, daß diese gemeinsame Anfangsadresse jedoch durch verschiedene Datennamen angesprochen werden kann, wird der inneren Struktur sowie dem Speicherplatzbedarf der jeweiligen Gruppe von Datensätzen Rechnung getragen. Diese Form der mehrfachen Ausnutzung desselben Speicherbereichs ist möglich, weil eingabeseitig stets nur ein Datensatz dieses *file* zur Weiterverarbeitung zur Verfügung zu stehen braucht, während ausgabeseitig jeweils nach Fertigstellung eines neuen Datensatzes dieser in den Ausgabebereich transportiert und sofort ausgegeben werden kann.

Zusammenfassend läßt sich sagen:

In der DATA RECORD-Klausel wird jeder Gruppe strukturell unterschiedlicher Datensätze eines *file* jeweils ein gemeinsamer Datenname für alle *records* dieser Gruppe zugewiesen. Bei der Übersetzung der DATA RECORD-Klausel wird jedem dieser Datennamen (*record*-Namen) ein für alle *records* dieser Gruppe gemeinsamer Eingabe- bzw. Ausgabebereich im Hauptspeicher zugewiesen. Länge und innere Struktur dieser Bereiche werden auf Grund der entsprechenden Datenbeschreibungen (vgl. unten) festgelegt. Alle Eingabe- bzw. Ausgabebereiche desselben *file* werden im Hauptspeicher mit gemeinsamer Anfangsadresse „übereinandergelegt“, so daß der dafür vorgesehene Speicherplatz mehrfach ausgenutzt wird.

LABEL RECORD-Klausel. Der eigentliche Sinn dieser Klausel wird erst im Zusammenhang mit der Magnetbandarbeit (vgl. [1]) deutlich. Daher soll diese Klausel auch erst in [1] vollständig behandelt werden. Da die LABEL RECORD-Klausel jedoch in jeder DATA DIVISION obligatorisch ist (auch wenn die für diese Klausel wesentlichen Tatbestände fehlen), muß an dieser Stelle stets eine zunächst stereotyp anmutende Formulierung in das Programm aufgenommen werden, die

LABEL RECORD IS OMITTED

lautet. Diese sehr spezielle Gestalt der LABEL RECORD-Klausel zeigt an, daß die Probleme der Kontrollmarkierung von *files* bei diesem *file* nicht auftreten. Dies gilt grundsätzlich für Lochkarten- und Schnelldrucker-

files, so daß bei den in diesem Band behandelten COBOL-Programmen die LABEL RECORD-Klausel nur in der genannten Form *benötigt* wird.

Abschließend sei als Beispiel am Beginn einer DATA DIVISION die vollständige *file*-Eintragung für einen Lochkarten*file* angegeben, in dem zwei Gruppen von Datensätzen vorkommen. Einerseits treten Stammsätze auf, die alle aus früheren Abrechnungsperioden resultierenden festen Angaben für die Stipendienberechnung bei einem einzelnen Studenten enthalten. Andererseits treten Änderungssätze auf, die alle aktuellen Änderungen gegenüber den Stammdaten dieses Studenten enthalten.

DATA DIVISION.

FILE SECTION.

FD STIP-DATEN DATA RECORDS ARE STIP-STAMM-SATZ,
    STIP-AEND-SATZ; LABEL RECORD IS OMITTED.

Man beachte, daß die fertige *file*-Eintragung als Programmsatz der DATA DIVISION durch einen Punkt abzuschließen ist. In konkreten Beispielen ist es natürlich nicht erforderlich, Schlüsselwörter von Lesbarkeitswörtern durch verschiedene Drucktypen zu unterscheiden.

7.3.2. *Datensatzbeschreibungen einer file-Beschreibung*

An die *file*-Eintragung schließt sich eine Folge von Datensatzbeschreibungen an. Für jede Gruppe strukturell gleichartiger Datensätze des vorliegenden *file*, die in der DATA RECORD-Klausel der *file*-Eintragung durch einen besonderen Datennamen bezeichnet wurde, ist eine Datensatzbeschreibung anzugeben. Diese Datensatzbeschreibungen sind in beliebiger Reihenfolge im Anschluß an die *file*-Eintragung niederzuschreiben. Es genügt daher, den Aufbau *einer* derartigen Datensatzbeschreibung genauer anzugeben.

Dazu ist es zunächst erforderlich, das *Stufenkonzept* der Datenbeschreibung, das in COBOL zur Kennzeichnung der hierarchischen Struktur der Dateneinheiten innerhalb eines Datensatzes dient, genauer zu umreißen. Jede Dateneinheit innerhalb des Datensatzes wird durch eine *Dateneintragung* beschrieben. Wie bereits erwähnt, besitzt jede Eintragung der DATA DIVISION die Gestalt

⟨Stufennummer⟩ ⟨Datenname⟩ [⟨Datenklausel⟩ (;)] .

.

Dabei zeigt die zweistellige Stufennummer an, welche hierarchische Stellung die durch die jeweilige Dateneintragung zu beschreibende Dateneinheit innerhalb des gesamten Datensatzes einnimmt. Dafür gelten folgende Regeln:

(1) Die Eintragung für einen Datensatz beginnt stets mit der Stufennummer 01. Eine solche Eintragung heißt *Datensatzeintragung* und

stellt die erste Eintragung in jeder Datensatzbeschreibung dar. Sie beginnt stets in Spalte 8 einer neuen Zeile des Programmierungsformulars.

(2) Ist D eine Dateneinheit mit der Stufennummer n, die durch Aneinanderfügung (lineare Verkettung) aus $k \geqq 2$ Dateneinheiten gebildet ist (D = D1D2D3 . . . Dk), so erhalten die Dateneinheiten D1, D2, . . ., Dk eine gemeinsame Stufennummer $m > n$ (in der Regel wird der Einfachheit halber $m = n + 1$ gewählt). Die Dateneintragungen für die Bestandteile D1, D2, . . ., Dk von D werden in dieser Reihenfolge im Anschluß an die Dateneintragung für die Dateneinheit D niedergeschrieben. Sie beginnen jeweils in einer neuen Zeile. Ihr erstes Zeichen *kann* um 4 Spalten nach rechts gegenüber dem Beginn der Eintragung für D eingerückt werden.

Beispiel:

Das abschließende Beispiel des Abschnitts 7.3.1 zeigt die *file*-Beschreibung für den Lochkarten*file* STIP-DATEN. Dieser enthält zwei Gruppen von Datensätzen, die folgendermaßen strukturiert sein sollen:

1. Stipendienstammsatz (70 Zeichen)

1.1. Kartenart (2 Ziffern)

1.2. Personalien

- 1.2.1. Name (12 Buchstaben)
- 1.2.2. Vorname (12 Buchstaben)

1.3. Immatrikulationsdaten

- 1.3.1. Einschreibungsnummer (5 Ziffern)
- 1.3.2. Zahlstellennummer (2 Ziffern)
- 1.3.3. Stipendienart (1 Buchstabe)
- 1.3.4. Zuschlagsart (1 Buchstabe)

1.4. Beträge

- 1.4.1. Grund- und Leistungsstipendien (6 Ziffern)
- 1.4.2. Studienbeihilfe (5 Ziffern)
- 1.4.3. Familienbeihilfe (5 Ziffern)
- 1.4.4. Ehegattenzuschlag (4 Ziffern)
- 1.4.5. Kindergeld (5 Ziffern)
- 1.4.6. Miete (4 Ziffern)
- 1.4.7. Sonstige Abzüge (6 Ziffern)

2. Stipendienänderungssatz (77 Zeichen)

2.1. Kartenart (2 Ziffern)

2.2. Änderungsart (1 Buchstabe)

2.3. Personalien (wie Personalien im Stipendienstammsatz)

2.4 Immatrikulationsdaten (wie Immatrikulationsdaten im Stipendienstammsatz)

2.5. Beträge (wie Beträge im Stipendienstammsatz)

2.6. Krankheit

2.6.1. Tage (2 Ziffern)
2.6.2. Tage 50% (2 Ziffern)
2.6.3. Tage 25% (2 Ziffern)

Die *file*-Beschreibung besitzt demnach folgende Gestalt:

```
DATA DIVISION.
FILE SECTION.
FD STIP-DATEN DATA RECORDS ARE STIP-STAMM-SATZ,
      STIP-AEND-SATZ; LABEL RECORD IS OMITTED.
01 STIP-STAMM-SATZ ............................
      02  KARTEN-ART ..........................
      02  PERSONALIEN .........................
          03  NAME ............................
          03  VORNAME .........................
      02  IMMAT-DATEN .........................
          03  EINSCHR-NR ......................
          03  ZAHLST-NR .......................
          03  STIP-ART ........................
          03  ZUSCHL-ART ......................
      02  BETRAEGE ............................
          03  GRUND-LEIST-STIP ................
          03  STUD-BEIH .......................
          03  FAM-BEIH ........................
          03  EHEG-ZUSCHL .....................
          03  KINDER-GELD .....................
          03  MIETE ...........................
          03  SONST-ABZ .......................
01    STIP-AEND-SATZ ..........................
      02  KARTEN-ART ..........................
      02  AEND-ART ............................
      02  PERSONALIEN COPY PERSONALIEN IN STIP-STAMM-
          SATZ.
      02  IMMAT-DATEN COPY IMMAT-DATEN IN STIP-STAMM-
          SATZ.
      02  BETRAEGE COPY BETRAEGE IN STIP-STAMM-SATZ.
```

02 KRANKHEIT ....
    03 TAGE ....
    03 TAGE-50 ....
    03 TAGE-25 ....

Diese *file*-Beschreibung ist bis auf die noch nicht behandelten Datenklauseln, die hier zunächst nur durch punktierte Linien angedeutet sind, vollständig. Bevor die wichtigsten Datenklauseln behandelt werden, sollen zwei neuartige Gesichtspunkte, die sich in dieser *file*-Beschreibung widerspiegeln, erläutert werden:

(1) Verschiedene Dateneinheiten *innerhalb* verschiedener Datensätze dürfen durch übereinstimmende Datennamen bezeichnet werden. Im Beispiel treten die Datennamen BETRAEGE, IMMAT-DATEN und PERSONALIEN sowie die Namen der jeweils darin enthaltenen Dateneinheiten in beiden Datensätzen auf.

    Um dennoch eindeutig die gewünschte Dateneinheit bezeichnen zu können, müssen derartige mehrfach verwendete Datennamen stets als qualifizierte Datennamen in folgender Form geschrieben werden. Zum Beispiel

    BETRAEGE IN STIP-STAMM-SATZ
    IMMAT-DATEN IN STIP-AEND-SATZ
    MIETE IN BETRAEGE IN STIP-STAMM-SATZ

    Die jeweils nach dem reservierten COBOL-Wort IN folgenden Datennamen werden als *Qualifikatoren* bezeichnet. Es *dürfen* beliebig viele Qualifikatoren angegeben werden, wenn die durch jeden folgenden Qualifikator bezeichnete Dateneinheit die von dem vorangegangenen Qualifikator bezeichnete Dateneinheit hierarchisch umfaßt. Es *müssen* so viele Qualifikatoren angegeben werden, daß die gewünschte Dateneinheit *eindeutig* bezeichnet wird.

(2) Stimmt die Struktur einer Dateneinheit D1 mit der einer bereits beschriebenen Dateneinheit D *vollständig* (d. h. einschließlich evtl. vorhandener Teilstrukturen) überein, so kann in der Dateneintragung für D1 einfach die Klausel

    COPY D

    verwendet werden. Dabei ist es gleichgültig, ob D davor oder erst an späterer Stelle im Programm beschrieben wird.

    Im Beispiel ist in der zweiten Datensatzbeschreibung von dieser Möglichkeit Gebrauch gemacht worden. Dabei erweist sich die Verwendung qualifizierter Datennamen als *notwendig*.

Zur vollständigen Datensatzbeschreibung fehlt nun noch ein Überblick über die *Datenklauseln* zur Beschreibung der einzelnen Dateneinheiten. COBOL-61 läßt in diesem Zusammenhang 11 verschiedene Gruppen von Datenklauseln zu. Hier soll zunächst nur die leistungsfähigste von diesen

11 Gruppen behandelt werden, die zum Schreiben einfacher COBOL-Programme bereits vollständig ausreicht. Es handelt sich dabei um die Gruppe der PICTURE-Klauseln.

7.3.3. PICTURE-Klausel

Die PICTURE-Klauseln (*picture:* Bild, Muster) dürfen grundsätzlich nur in Dateneintragungen für *elementare* Dateneinheiten verwendet werden. Elementare Dateneinheiten sind dabei solche Dateneinheiten, die keine weiteren Dateneinheiten mehr als Bestandteile enthalten. In der *file*-Beschreibung des letzten Abschnitts sind z. B. die Dateneinheiten KARTEN-ART, MIETE, VORNAME elementar. Dagegen stellen z. B. die Dateneinheiten PERSONALIEN und IMMAT-DATEN keine elementaren Dateneinheiten dar.

Man unterscheidet

einfache PICTURE-Klauseln und
PICTURE-Klauseln zur Datenaufbereitung.

Zunächst sollen die *einfachen* PICTURE-Klauseln behandelt werden. Diese lassen sich folgendermaßen weiter einteilen:

einfache *numerische* PICTURE-Klauseln,
einfache *alphabetische* PICTURE-Klauseln,
einfache *alphanumerische* PICTURE-Klauseln.

Einfache numerische PICTURE-Klauseln dienen zur Deklaration rationaler Zahlen in ihrer Dezimaldarstellung. Sie besitzen stets die Struktur

PICTURE IS ⟨numerisches Muster⟩

.

Für die Deklaration ganzzahliger nichtnegativer Dateneinheiten besteht dieses Muster im einfachsten Falle aus einer Kette von so vielen Neunen, wie es die Stellenzahl der zu deklarierenden Dateneinheit erfordert. Zum Beispiel stellt

9999999

ein numerisches Muster dar, das zur Deklaration einer 7stelligen nichtnegativen ganzzahligen elementaren Dateneinheit verwendet werden kann. Dies geschieht dann in der Form

..... PICTURE IS 9999999.

Abkürzend darf dafür auch geschrieben werden

..... PICTURE IS 9(7) .

Dabei gibt die in Klammern stehende ganze Zahl an, wie oft das vor der öffnenden Klammer stehende Zeichen im Muster vorkommen soll. Jede 9 im Muster hat also die Bedeutung einer Dezimalziffern*position*.

Aus einer PICTURE-Klausel, in deren Muster ausschließlich das Zeichen 9 vorkommt (bzw. im Sinne der Symbolik 9(7) vorkommen *soll*), können daher bei der maschinellen Programmübersetzung folgende Hinweise gewonnen werden:

(1) Die zu deklarierende elementare Dateneinheit ist eine nichtnegative ganze Zahl.

(2) Ihre Stellenzahl ergibt sich aus der Anzahl der Neunen im Muster.

Häufig ist es erforderlich, bei der Beschreibung numerischer elementarer Dateneinheiten die Stellung eines (fiktiven) Rechenkommas anzugeben. Dies geschieht durch das Zeichen V. So beschreibt z. B. die Klausel

PICTURE IS 99999V999

eine achtstellige numerische Dateneinheit, deren rechnerische Verarbeitung stets so vollzogen wird, daß ihr ein fiktives Rechenkomma vor der dritten Stelle von rechts beigegeben wird. Dieses *Rechenkomma* ist (im Gegensatz zu einem im Druckbild vorkommenden echten Komma) in dem Sinne *fiktiv*, daß es nicht als gesondertes Zeichen innerhalb der beschriebenen Dateneinheit im Speicher steht. Das in der PICTURE-Klausel festgelegte fiktive Rechenkomma stellt nur eine zusätzliche Information darüber dar, in welcher Weise die betreffende numerische Dateneinheit bei arithmetischen Operationen im Hinblick auf stellenrichtige Verarbeitung einer dezimalen Stellenverschiebung zu unterziehen ist. Die Dateneinheit selbst besteht nur aus den für ihre 8 Ziffern nötigen 8 Zeichen.

Die Klausel

PICTURE IS 9(5)V9(3)

ist der oben angegebenen vollständig gleichwertig.

Die beiden Klauseln

PICTURE IS 999V und PICTURE IS 999

sind einander ebenfalls vollständig gleichwertig.

Um nun auch zulassen zu können, daß das fiktive Rechenkomma außerhalb des im Muster angegebenen Dezimalstellenbereichs liegt, wird das Zeichen P als „Füllzeichen" verwendet. So beschreiben z. B. alle 3 folgenden PICTURE-Klauseln gemeinsam eine Dateneinheit, bei der das fiktive Rechenkomma 3 Stellen hinter der letzten (rechten) Ziffer steht:

PICTURE IS 9999PPPV
PICTURE IS 9(4)PPPV
PICTURE IS 9(4)P(3)V .

In entsprechender Weise beschreiben die Klauseln

PICTURE IS VPPPPP999999
PICTURE IS VP(5)999999
PICTURE IS VP(5)9(6)

alle in übereinstimmender Weise eine Dateneinheit, bei der das fiktive Rechenkomma 5 Stellen vor der höchsten (linken) Ziffer steht. Schließlich kann durch das Zeichen S als erstes (linkes) Zeichen in einem numerischen Muster zum Ausdruck gebracht werden, daß die zu beschreibende elementare Dateneinheit *vorzeichenbehaftet* sein kann. In diesem Falle werden negative Werte dieser Dateneinheit so dargestellt, wie dies die Zahlendarstellung des jeweiligen Automaten verlangt (beim ROBOTRON-300 durch zusätzliche Belegung des Überbits *v* in der niedrigsten Ziffernposition mit dem Binärwert L). Wird eine Dateneinheit, deren numerisches Muster nicht mit dem Zeichen S beginnt, negativ, so kommt nur der jeweilige Absolutbetrag zur Darstellung.

Eine durch ein numerisches Muster in ihrer PICTURE-Klausel beschriebene elementare Dateneinheit soll als *numerisch* bezeichnet werden.

Die folgenden Beispiele sollen die verschiedenen Typen von einfachen numerischen PICTURE-Klauseln demonstrieren. Es sind jeweils das numerische Muster, der momentane Wert und die Zeichendarstellung im Speicher des ROBOTRON-300 für eine bestimmte numerische Dateneinheit gegenübergestellt. Ein Querstrich über der niedrigsten Ziffernposition der Zeichendarstellung soll die L-Belegung des Überbits *v* dieser Stelle (negatives Vorzeichen!) andeuten.

Numerisches Muster in der PICTURE-Klausel	Momentaner Wert der Dateneinheit	Zeichendarstellung im Speicher
999	413	413
9(4)	578,4	0578
9(3)V99	6,2	00620
9(3)V99	—6,2	00620
S9(3)V99	—6,2	$0062\overline{0}$
SV9(3)	0,325	325
SV9(3)	—0,325	$32\overline{5}$
9(3)V9(2)	38,465	03846
VPP9(5)	0,00034	03400

Einfache alphabetische PICTURE-Klauseln dienen zur Beschreibung alphabetischer Dateneinheiten. Sie besitzen die Struktur

PICTURE IS ⟨alphabetisches Muster⟩ .

.

Ein alphabetisches Muster besteht aus so vielen Zeichen A, wie es die Stellenzahl der zu beschreibenden Dateneinheit erfordert.

PICTURE IS AAAAA

beschreibt daher eine 5stellige alphabetische Dateneinheit.

Diese Klausel kann auch abkürzend in der Gestalt

PICTURE A(5)

geschrieben werden.

Aus einer PICTURE-Klausel, in deren Muster ausschließlich das Zeichen A vorkommt (bzw. im Sinne der Symbolik A(5) vorkommen soll), können also bei der maschinellen Programmübersetzung folgende Hinweise gewonnen werden:

(1) Die zu beschreibende Dateneinheit besteht nur aus Buchstaben.

(2) Ihre Stellenzahl ergibt sich aus der Anzahl der Zeichen A im Muster.

Einfache alphanumerische PICTURE-Klauseln dienen zur Beschreibung alphanumerischer Dateneinheiten. Sie besitzen stets die Struktur

PICTURE IS ⟨alphanumerisches Muster⟩

.

In einem alphanumerischen Muster können die Zeichen 9, A und X vorkommen. Das Zeichen 9 an einer bestimmten Stelle des einfachen alphanumerischen Musters bedeutet, daß an der entsprechenden Stelle der Dateneinheit eine beliebige Ziffer stehen kann. Das Zeichen A an einer bestimmten Stelle des Musters zeigt an, daß an dieser Stelle der Dateneinheit ein beliebiger Buchstabe stehen kann. Schließlich zeigt das Zeichen X an einer bestimmten Stelle des alphanumerischen Musters an, daß an dieser Stelle der Dateneinheit ein beliebiges Zeichen des Maschinenalphabets stehen kann.

Die PICTURE-Klausel

PICTURE IS AAA99X9999XXXXX

beschreibt also eine Dateneinheit, die mit 3 Buchstaben beginnt, auf die 2 Ziffern, ein beliebiges Zeichen, 4 weitere Ziffern und schließlich 5 beliebige Zeichen folgen. Gleichwertig damit ist die Klausel

PICTURE A(3)99X9(4)X(5) .

Die Dateneinheit EVA36/8321***** würde dem angegebenen Muster z. B. entsprechen.

Elementare Dateneinheiten, die in ihrer PICTURE-Klausel durch ein einfaches alphabetisches bzw. alphanumerisches Muster beschrieben sind, werden als *alphabetisch* bzw. *alphanumerisch* bezeichnet.

Als Beispiel für die Anwendung der behandelten PICTURE-Klauseln soll die *file*-Beschreibung für den Lochkarteneingabe*file* STIP-DATEN nunmehr vollständig angegeben werden:

```
DATA DIVISION.
FILE SECTION.
FD STIP-DATEN DATA RECORDS ARE STIP-STAMM-SATZ,
      STIP-AEND-SATZ; LABEL RECORD IS OMITTED.
01  STIP-STAMM-SATZ.
    02  KARTEN-ART PICTURE IS 99.
    02  PERSONALIEN.
        03  NAME PICTURE IS A(12).
        03  VORNAME PICTURE IS A(12).
    02  IMMAT-DATEN.
        03  EINSCHR-NR PICTURE IS 9(5).
        03  ZAHLST-NR PICTURE IS 99.
        03  STIP-ART PICTURE IS A.
        03  ZUSCHL-ART PICTURE IS A.
    02  BETRAEGE.
        03  GRUND-LEIST-STIP PICTURE IS 9(4)V99.
        03  STUD-BEIH PICTURE IS 999V99.
        03  FAM-BEIH PICTURE IS 999V99.
        03  EHEG-ZUSCHL PICTURE IS 99V99.
        03  KINDER-GELD PICTURE IS 999V99.
        03  MIETE PICTURE IS 99V99.
        03  SONST-ABZ PICTURE IS 9(4)V99.
01  STIP-AEND-SATZ.
    02  KARTEN-ART PICTURE IS 99.
    02  AEND-ART PICTURE IS A.
    02  PERSONALIEN COPY PERSONALIEN IN
        STIP-STAMM-SATZ.
    02  IMMAT-DATEN COPY IMMAT-DATEN IN
        STIP-STAMM-SATZ.
    02  BETRAEGE COPY BETRAEGE IN STIP-STAMM-SATZ.
    02  KRANKHEIT.
        03  TAGE PICTURE IS 99.
        03  TAGE-50 PICTURE IS 99.
        03  TAGE-25 PICTURE IS 99.
```

PICTURE-Klauseln zur Druckaufbereitung. Um bei der Ausgabe der Ergebnisse eines Datenverarbeitungsprozesses bequem und übersichtlich lesbare Druckbilder erzeugen zu können, ist in der Regel eine Druckaufbereitung für die Einzelergebnisse erforderlich. Vergleicht man in den Beispielen auf Seite 79 die Darstellung der einzelnen Dateneinheiten im Hauptspeicher mit den jeweils dargestellten Werten, so erkennt man, daß vor allem die folgenden vier Maßnahmen bei der Druckaufbereitung getroffen werden müssen.

(1) Unterdrückung führender Nullen (Ersetzung durch Leerzeichen);

(2) Ersetzung des fiktiven Rechenkommas durch ein im Druckbild tatsächlich erscheinendes, reales Druckkomma;

(3) Anfügung eines im Druckbild direkt erscheinenden Vorzeichens (insbesondere eines eventuellen Minuszeichens) in Abhängigkeit vom Zeichen der Dateneinheit;

(4) Einfügung eines Leerzeichens oder eines Punktes zwischen je zwei Dreiergruppen von Dezimalstellen.

Es ist zweckmäßig, diese druckaufbereitenden Maßnahmen dann zu realisieren, wenn die auszugebenden Dateneinheiten in die entsprechenden Ausgabebereiche transportiert werden. Dazu ist es erforderlich, diese Ausgabebereiche in entsprechender Weise zu beschreiben. Dies geschieht durch PICTURE-Klauseln mit entsprechenden *Druckmustern*. Die Deklaration eines bestimmten Speicherbereichs durch eine PICTURE-Klausel mit Druckmuster hat zur Folge, daß bei jedem Transport einer numerischen Dateneinheit in diesem Speicherbereich die im Druckmuster angegebenen druckaufbereitenden Maßnahmen getroffen werden. Es dürfen nur *numerische* Dateneinheiten (d. h. nur solche, die durch eine einfache numerische PICTURE-Klausel beschrieben wurden) in einen druckaufbereitenden Speicherbereich transportiert werden. Dateneinheiten sind nach ihrer Druckaufbereitung keiner arithmetischen Operation mehr zugänglich, da sie nunmehr Zeichen enthalten, die in Zahldarstellungen nicht auftreten dürfen.

Die grundsätzliche Struktur der zur Realisierung der Druckaufbereitung notwendigen PICTURE-Klausel ist

PICTURE IS <Druckmuster>

.

Im Rahmen dieses Bandes soll zunächst nur der Fall behandelt werden, daß das Druckmuster auf die Zeichen

9 Z , + — . B

beschränkt bleibt.

Bei den folgenden Regeln über den Aufbau und die Bedeutung von Druckmustern wird stets davon ausgegangen, daß die Druckaufbereitung durch den Transport der aufzubereitenden Dateneinheit in den durch das Druckmuster beschriebenen Speicherbereich vollzogen wird.

(1) Besteht das Druckmuster nur aus einer Folge von Neunen, so liegt der Spezialfall eines *numerischen* Musters vor. Es erfolgt keine eigentliche Druckaufbereitung. Der Transport einer numerischen Dateneinheit in einen derart deklarierten Speicherbereich hat zur Folge, daß nur der ganzzahlige Anteil transportiert wird. Je nach Stellenzahl

des empfangenen Bereichs (Anzahl der Neunen im Druckmuster) wird gegebenenfalls nach links hin mit Nullen aufgefüllt, oder es werden die entsprechend höchsten Stellen der zu transportierenden Dateneinheit abgeschnitten.

(2) In einem Druckmuster darf höchstens ein *Komma* auftreten. Ist dies der Fall, so werden alle Neunen links von diesem Komma durch die entsprechenden Ziffern links vom fiktiven Rechenkomma der aufzubereitenden Dateneinheit besetzt. Ebenso werden alle Neunen rechts vom Komma durch die entsprechenden Ziffern rechts vom fiktiven Rechenkomma der aufzubereitenden Dateneinheit besetzt. Sind dabei rechts bzw. links vom Komma mehr Neunen als entsprechende Ziffern der aufzubereitenden Dateneinheit vorhanden, so wird nach rechts bzw. links mit Nullen aufgefüllt. Im anderen Falle werden entsprechend rechts bzw. links Ziffern abgeschnitten.
Die Position des Kommas im Druckmuster wird durch das Zeichen „Komma" in der aufbereiteten Dateneinheit besetzt.

(3) Jedes zusätzlich in einem Druckmuster auftretende Zeichen Z hat links von jeder auftretenden 9 zu stehen. Grundsätzlich spielt das Zeichen Z im Druckmuster dieselbe Rolle wie das Zeichen 9: Es reserviert einen Platz für eine Ziffernposition der aufzubereitenden Dateneinheit. Darüber hinaus gelten für das Zeichen Z im Druckmuster folgende zusätzliche Regeln:

(3.1) Entspricht eine Z-Position im Druckmuster einer *führenden* Null der aufzubereitenden Dateneinheit, so wird diese Null durch ein Leerzeichen ersetzt (unterdrückt).

(3.2) Wird im Druckmuster *jede* Ziffernposition durch ein Z reserviert und besitzt die aufzubereitende Dateneinheit den Wert Null, so wird *jede* Position der aufbereiteten Dateneinheit durch ein Leerzeichen ersetzt (auch das Komma!).

(4) Tritt zusätzlich im Druckmuster das Zeichen „Punkt" auf, so wird bei der Druckaufbereitung an entsprechender Stelle das Zeichen „Punkt" in die Dateneinheit eingefügt.

(5) Tritt zusätzlich im Druckmuster das Zeichen B auf, so wird bei der Druckaufbereitung an entsprechender Stelle ein Leerzeichen (Abstand) in die Dateneinheit eingefügt,

(6) Tritt im Druckmuster *genau einmal* das Zeichen + auf, so hat dies entweder als erstes oder als letztes Zeichen des Musters zu stehen In beiden Fällen wird es an entsprechender Stelle in die aufbereitete Dateneinheit übernommen, wenn deren Wert nichtnegativ ist. Es wird dagegen durch das Zeichen — ersetzt, wenn der Wert der aufzubereitenden Dateneinheit negativ ist.

(7) Tritt im Druckmuster *genau einmal* das Zeichen — auf, so hat dies entweder als erstes oder als letztes Zeichen des Musters zu stehen. In beiden Fällen wird es an entsprechender Stelle in die aufzubereitende Dateneinheit übernommen, wenn deren Wert negativ ist. Es wird dagegen durch ein Leerzeichen ersetzt, wenn der Wert der aufzubereitenden Dateneinheit nichtnegativ ist.

(8) Ein Druckmuster darf auch entweder mit einer Folge von mehreren Pluszeichen oder mit einer Folge von mehreren Minuszeichen *beginnen.* In diesem Falle wird jedes + (bzw. jedes —) als Platz einer Ziffernposition der aufzubereitenden Dateneinheit aufgefaßt. Entspricht eine solche Position im Druckmuster einer *führenden* Null der aufzubereitenden Dateneinheit, so wird diese Null durch ein Leerzeichen ersetzt (unterdrückt). Anschließend wird die höchste unterdrückte Null je nach Vorzeichen der aufzubereitenden Dateneinheit durch das Zeichen + oder — ersetzt.

Beispiele:

Aufzubereitende Dateneinheit		Ausgabebereich		Regel
Numerisches Muster	Zeichen-darstellung im Speicher[1])	Druckmuster	Zeichen-darstellung im Speicher (Druckbild)	
9(3)V9999	0034765	999	003	(1)
9(4)V9(3)	3269348	9(4),9(3)	3269,384	(2)
9(2)V9	517	9(3),9(2)	051,70	(2)
9(5)V99	0000936	ZZ9(3),99	009,36	(3)
9(5)V99	0000936	Z(4)9,99	9.36	(3)
9(5)V99	0000936	Z(5),99	9,36	(3)
9(5)V99	0000936	Z(5),ZZ	9,36	(3)
9(5)V99	0000000	Z(5),ZZ		(3)
9(4)V99	842753	9.9(3),99	8.427,53	(4)
9(4)V99	842753	9B9(3),99	8427,53	(5)
999V9	6348	+9(4),99	+0634,80	(6)
999V9	6348	9(3),9+	634,8+	(6)
999V9	$634\overline{8}$	9(3),9+	634,8—	(6)
999V9	6348	—9(3),9	634,8	(7)
999V9	6348	9(3),9—	634,8	(7)
999V9	$634\overline{8}$	—9(3),9	—634,8	(7)
9(5)V99	0000314	+(5),99	+3,14	(8)
9(5)V99	$000031\overline{4}$	+(5),99	—3,14	(8)
9(5)V99	$000031\overline{4}$	+(3)99,99	—03,14	(8)
9(5)V99	$000031\overline{4}$	—(3)99,99	—03,14	(8)
9(5)V99	0000314	—(5),99	3,14	(8)

Unter Zuhilfenahme der PICTURE-Klauseln zur Druckaufbereitung soll in Fortsetzung der auf Seite 81 begonnenen FILE SECTION die *file*-Beschreibung des Schnelldruckerausgabe*file* für die Stipendienabrechnung folgendermaßen geschrieben werden:

[1]) Querstrich über der Einerstelle soll wieder das negative Vorzeichen des jeweiligen Wertes andeuten.

```
FD DRUCK-ZEILEN DATA RECORDS ARE ZEILE, TEIL-SUM-SATZ,
     END-SUM-SATZ; LABEL RECORD IS OMITTED.
01  ZEILE.
     02  ZAHLST-NR PICTURE 99.
     02  EINSCHR-NR PICTURE 9(6).
     02  NAME PICTURE A(16).
     02  VORNAME PICTURE A(16).
     02  GRUND-LEIST-STIP PICTURE ZZ.ZZZ,ZZ.
     02  STUD-BEIH PICTURE Z(4),ZZ.
     02  FAM-BEIH PICTURE Z(4),ZZ.
     02  EHEG-ZUSCHL PICTURE Z(3),ZZ.
     02  KINDER-GELD PICTURE Z(4),ZZ.
     02  MIETE PICTURE Z(3),ZZ.
     02  SONST-ABZ PICTURE ZZ.ZZZ,ZZ.
     02  KRANK-ABZUG PICTURE ZZ.ZZZ,ZZ.
     02  NETTO-STIP PICTURE ZZ.ZZZ,ZZ.
01  TEIL-SUM-SATZ.
     02  ZAHLST-NR PICTURE 99.
     02  NETTO-TEIL-SUM PICTURE ZZ.ZZZ.ZZZ,ZZ.
01  END-SUM-SATZ.
     02  BEZEICHNUNG PICTURE A(30).
     02  END-SUMME PICTURE ZZ.ZZZ.ZZZ,ZZ.
```

Damit ist die FILE SECTION des Stipendienproblems abgeschlossen. Es sei noch vermerkt daß hier in Abweichung von COBOL-61 im Rahmen der Druckmuster die Rolle von Punkt und Komma vertauscht wurde.

7.4. WORKING-STORAGE SECTION der DATA DIVISION

In der WORKING-STORAGE SECTION werden alle diejenigen Speicherbereiche deklariert und mit Datennamen versehen, die während der Abarbeitung des Programms als Arbeitsspeicher für Zwischenergebnisse aller Art benötigt werden.
Dazu werden die benötigten Arbeitsspeicher in 2 Gruppen eingeteilt:

(1) Arbeitsspeicher für elementare Dateneinheiten,
(2) Arbeitsspeicher für höhere Datenstrukturen.

Am Anfang der WORKING-STORAGE SECTION steht eine Folge von Dateneintragungen für die einzelnen elementaren Arbeitsspeicherbereiche. Diese *elementaren Arbeitsspeichereintragungen* besitzen folgende gemeinsame Struktur:

77 ⟨Datenname⟩ [⟨Datenklausel⟩ (;)] .

Sie beginnen also mit der allen gemeinsamen (standardisierten) Stufennummer 77. Darauf folgt der vom Programmierer eingeführte Name dieser Dateneinheit und eine Folge von Datenklauseln zur Beschreibung dieses Arbeitsspeicherbereichs.

Neben der PICTURE-Klausel, die in elementaren Arbeitsspeichereintragungen ebenso wie in der FILE SECTION zu verwenden ist, wird in diesem Zusammenhang eine zweite Datenklausel erforderlich, die es ermöglicht, den einzelnen elementaren Arbeitsspeicherbereichen einen definierten Anfangswert zuzuweisen. Diese Ausgabe wird von der VALUE-Klausel (*value:* Wert) gelöst. Die Struktur der VALUE-Klausel ist

VALUE IS ⟨Literal⟩

.

Der Anfangswert, den der zu beschreibende elementare Arbeitsspeicherbereich am Anfang der Programmabarbeitung besitzen soll, wird durch das Literal (numerisches Literal, alphanumerisches Literal, figurative Konstante) in der VALUE-Klausel angegeben.

Beispiel:

Als Beispiel einer elementaren Arbeitsspeichereintragung sei der Programmteil

```
77 ZWISCHEN-SUMME PICTURE IS 9(4)V99;
VALUE IS ZERO.
```

genannt.

Wird in einer Arbeitsspeichereintragung die VALUE-Klausel nicht verwendet, so besitzt dieser Arbeitsspeicherbereich am Beginn der Programmabarbeitung keinen definierten Wert. Häufig ist dies jedoch auch nicht notwendig, wenn nämlich im Laufe der Rechnung rechtzeitig Wertzuweisungen durch Transportanweisungen für diesen Speicherbereich erfolgen. Im Anschluß an alle *elementaren* Arbeitsspeichereintragungen folgen die Deklarationen für Arbeitsspeicherbereiche mit Datensatzstruktur. Für diese gelten alle Regeln, die für die Datensatzbeschreibung der FILE SECTION (vgl. Abschn. 7.3.2) angegeben wurden. Es kommt lediglich hinzu, daß im Rahmen der WORKING-STORAGE SECTION als weitere Datenklausel die VALUE-Klausel verwendet werden darf. Im Gegensatz zur PICTURE-Klausel darf die VALUE-Klausel hier in Dateneintragungen mit beliebiger Stufennummer verwendet werden. Wird die VALUE-Klausel in der Dateneintragung einer Dateneinheit verwendet, die nicht elementar (d. h. also aus weiteren Dateneinheiten zusammengesetzt) ist, so darf diese Klausel in den Dateneintragungen der darin enthaltenen Dateneinheiten nicht noch einmal verwendet werden.

Als Beispiel soll in Fortsetzung der bereits mit der FILE SECTION begonnenen DATA DIVISION des Stipendienabrechnungsprogramms die hierfür erforderliche WORKING-STORAGE SECTION angegeben werden:

```
WORKING-STORAGE SECTION.
77 ZAHLST-ZAEHLER PICTURE 99; VALUE 1.
77 BRUTTO PICTURE 9(4)V99.
77 NETTO PICTURE 9(4)V99.
77 KR-ABZ PICTURE 9(4)V99; VALUE ZERO.
77 SUMME PICTURE 9(4)V99.
77 NETTO-KONTR PICTURE 9(8)V99.
77 ZWISCH-WERT PICTURE 9(5)V99.
01 STAMM-KARTE COPY STIP-STAMM-SATZ.
01 SUMMEN-BETRAEGE VALUE ZERO.
   02 GRUND-LEIST-STIP-SUMME PICTURE 9(6)V99.
   02 STUD-BEIH-SUMME PICTURE 9(5)V99.
   02 FAM-BEIH-SUMME PICTURE 9(5)V99.
   02 EHEG-ZUSCHL-SUMME PICTURE 9(5)V99.
   02 KINDER-GELD-SUMME PICTURE 9(5)V99.
   02 MIETE-SUMME PICTURE 9(4)V99.
   02 SONST-ABZ-SUMME PICTURE 9(6)V99.
   02 BRUTTO-SUMME PICTURE 9(6)V99.
   02 KR-ABZ-SUMME PICTURE 9(6)V99.
   02 NETTO-SUMME PICTURE 9(6)V99.
01 TOTAL-BETRAEGE VALUE ZERO.
   02 GRUND-LEIST-STIP-TOTAL PICTURE 9(8)V99.
   02 STUD-BEIH-TOTAL PICTURE 9(7)V99.
   02 FAM-BEIH-TOTAL PICTURE 9(7)V99.
   02 EHEG-ZUSCHL-TOTAL PICTURE 9(7)V99.
   02 KINDER-GELD-TOTAL PICTURE 9(7)V99.
   02 MIETE-TOTAL PICTURE 9(6)V99.
   02 SONST-ABZ-TOTAL PICTURE 9(8)V99.
   02 BRUTTO-TOTAL PICTURE 9(8)V99.
   02 KR-ABZ-TOTAL PICTURE 9(8)V99.
   02 NETTO-TOTAL PICTURE 9(8)V99.
```

Die Notwendigkeit dieser Arbeitsspeicherbereiche läßt sich erst im Zusammenhang mit der PROCEDURE DIVISION dieses Programms erkenne n

7.5. CONSTANT SECTION der DATA DIVISION

In der CONSTANT SECTION werden diejenigen konstanten Operanden eines COBOL-Programms beschrieben, die nicht durch Literale, sondern durch Datennamen angesprochen werden sollen.

Der grundsätzliche Aufbau der CONSTANT SECTION gleicht vollständig dem der WORKING-STORAGE SECTION. Zunächst werden unter der standardisierten Stufennummer 77 alle als elementare Dateneinheiten zu behandelnden Konstanten definiert. In jeder dieser *elementaren Konstanteneintragungen* müssen sowohl eine PICTURE-Klausel als auch eine VALUE-Klausel als Datenklauseln verwendet werden.

Im Anschluß an alle notwendigen elementaren Konstanteneintragungen folgen die Beschreibungen für konstante *Datensätze* nach dem bereits ausführlich behandelten Stufenprinzip.

Bei der Übersetzung der CONSTANT SECTION eines COBOL-Programms wird jeder so definierten Konstanten ein Speicherbereich entsprechender Größe zugeordnet. Die Anfangsadresse dieser Speicherbereiche wird jeweils zusammen mit dem dafür vom Programmierer festgelegten Datennamen in das Adreßbuch aufgenommen, so daß in der PROCEDURE DIVISION durch die einzelnen Datennamen auf diese Konstanten Bezug genommen werden kann.

In speziellen COBOL-Programmen kann die Notwendigkeit einer CONSTANT SECTION entfallen. Dies trifft z. B. auf das Stipendienabrechnungsprogramm zu. In solchen Fällen ist lediglich die Überschrift dieser SECTION in das Programm aufzunehmen.

8. PROCEDURE DIVISION

8.1. Gesamtstruktur der PROCEDURE DIVISION

In der PROCEDURE DIVISION eines COBOL-Programms wird der Algorithmus der Verarbeitung der in der DATA DIVISION beschriebenen Dateneinheiten zum Ausdruck gebracht.
Die Grundbausteine der PROCEDURE DIVISION sind die *Anweisungen*. Man unterscheidet *einfache* Anweisungen und *zusammengesetzte* Anweisungen. Die letzteren stellen jeweils eine unter Beachtung bestimmter Regeln gebildete *Folge* von einfachen Anweisungen dar, die durch einen Punkt abzuschließen ist. Die zusammengesetzten Anweisungen sind also die Programmsätze *(sentences)* der PROCEDURE DIVISION. Innerhalb einer zusammengesetzten Anweisung können die einzelnen einfachen Anweisungen jeweils wahlweise durch einen Abstand, ein Komma oder ein Semikolon getrennt werden. Die Wahl des Trennzeichens hat keinen Einfluß auf die Abarbeitung des geschriebenen Programms. Die Struktur einer zusammengesetzten Anweisung als eines Programmsatzes der PROCEDURE DIVISION läßt sich daher symbolisch in der Gestalt

$$\left[\langle \text{Einfache Anweisung} \rangle_{(,\,;)} \right]$$

darstellen.

Eine beliebige Gesamtheit aufeinanderfolgender Programmsätze kann vom Programmierer zu einem *Paragraphen* der PROCEDURE DIVISION zusammengefaßt werden. Einem solchen Paragraphen ist vom Programmierer eine Paragraphenüberschrift voranzustellen, die durch einen Paragraphennamen und einen abschließenden Punkt gegeben ist. Paragraphennamen können vom Programmierer unter Beachtung folgender Regeln frei gewählt werden:

(1) Ein Paragraphenname ist eine Zeichenreihe, in der nur Ziffern, Buchstaben und Bindestriche vorkommen dürfen.

(2) Ein Paragraphenname darf höchstens 30 Zeichen enthalten.

(3) Ein Bindestrich darf weder am Anfang noch am Ende der Zeichenreihe stehen. Es dürfen keine zwei Bindestriche unmittelbar aufeinanderfolgen.

(4) Ein Paragraphenname darf nicht mit einem reservierten COBOL-Wort oder einem in diesem Programm verwendeten Datennamen

übereinstimmen. Der Paragraphenname muß den jeweiligen Paragraphen (wenigstens im Rahmen der jeweiligen SECTION der PROCEDURE DIVISION) eindeutig kennzeichnen.

Beispiele für Paragraphenüberschriften:

SUMMEN-BERECHNUNG.
438.
9-ANFANG.
START-3.

Die Paragraphennamen werden später als Namen für die in diesem Paragraphen beschriebene Prozedur *(Prozedurnamen)* verwendet.

Mehrere Paragraphen der PROCEDURE DIVISION können zu einem Kapitel *(section)* zusammengefaßt werden. Ein Kapitel beginnt stets mit einer *Kapitelüberschrift.* Diese besteht aus einem vom Programmierer festzulegenden *Kapitelnamen,* dem nach einem Abstand das reservierte COBOL-Wort SECTION folgt. Die Kapitelüberschrift wird durch einen Punkt abgeschlossen. Für die Festlegung von Kapitelnamen gelten die Regeln (1) bis (3), die oben formuliert wurden. Anstelle der obigen Regel (4) ist hier zu fordern, daß der Kapitelname mit keinem reservierten COBOL-Wort, mit keinem in demselben Programm verwendeten Datennamen oder Paragraphennamen übereinstimmen darf und das jeweilige Kapitel eindeutig kennzeichnen muß. Die Kapitelnamen werden später als Namen für die in diesem Kapitel beschriebene Prozedur *(Prozedurnamen)* verwendet.

Beispiele für Kapitelüberschriften:

NETTO-BERECHN SECTION.
34 SECTION.
START-1 SECTION.
2BEGINN SECTION.

Kapitel- und Paragraphenüberschriften sind stets in Spalte 8 einer neuen Zeile des COBOL-Programmierungsformulars zu beginnen.

Die einzelnen Programmsätze (zusammengesetzte Anweisungen) eines Paragraphen dürfen nach einem Leerzeichen unmittelbar hinter der Paragraphenüberschrift beginnen. Innerhalb der Programmsätze ist an beliebiger Stelle ein Zeilenwechsel möglich (vgl. Abschn. 6.4 2). Die zweckmäßige Einteilung der PROCEDURE DIVISION in Kapitel und Paragraphen wird weitgehend von den erforderlichen *Programmsprüngen* und *Unterprogrammaufrufen* bestimmt und kann daher erst an späterer Stelle eingehender besprochen werden.

Um die Ausdrucksmöglichkeiten der PROCEDURE DIVISION vollständig übersehen zu können, muß mit der Behandlung der einfachen Anweisungen als dem kleinsten Baustein dieser DIVISION begonnen werden.

Man unterscheidet:

einfache unbedingte Anweisungen,
einfache bedingte Anweisungen und
einfache Anweisungen zur Übersetzungssteuerung.

Von jeder Gruppe sollen in diesem Band nur die jeweils wichtigsten behandelt werden. Zu den einfachen unbedingten Anweisungen gehören folgende Untergruppen:

Transportanweisungen,
Eingabe- und Ausgabeanweisungen,
arithmetische Anweisungen und
Sprunganweisungen.

8.2. Transportanweisungen

Transportanweisungen veranlassen den Transport von Dateneinheiten aus einem Hauptspeicherbereich in einen anderen oder den Transport von Konstanten, die durch Literale gekennzeichnet werden, in bestimmte Speicherbereiche. Die dabei angesprochenen Speicherbereiche werden durch ihre Datennamen bezeichnet. Dabei ist zu beachten, daß diese Datennamen gegebenenfalls *qualifiziert* auftreten können oder müssen (vgl. Abschn. 7.3.2). Ein Datenname mit allen ihn betreffenden Qualifikatoren soll im folgenden *Datenbezeichnung* genannt werden. Eine Datenbezeichnung hat also stets die Struktur

$$\langle\text{Datenname}\rangle\ \left[\ \textbf{IN}\ \langle\text{Datenname}\rangle\ \right] .$$

Wie jede einfache Anweisung beginnt auch jede Transportanweisung mit einem *Verb*. Ein Verb ist ein reserviertes COBOL-Wort, das eine Anweisung einleitet und die Grundoperation festlegt, die von dieser Anweisung ausgelöst werden soll.

Der wichtigste Typ von Transportanweisungen beginnt mit dem Verb MOVE (*to move:* bewegen, transportieren) und hat die Struktur

$$\textbf{MOVE}\left\{\begin{matrix}\langle\text{Datenbezeichnung}\rangle\\ \langle\text{Literal}\rangle\end{matrix}\right\}\ \textbf{TO}\left[\langle\text{Datenbezeichnung}\rangle\ \begin{matrix}\geqq 1\\ (,)\end{matrix}\right] .$$

Hier bezieht sich die Datenbezeichnung bzw. das Literal unmittelbar nach dem Verb MOVE auf die zu transportierende Dateneinheit. Die nach dem Wort TO stehende Folge von Datenbezeichnungen benennt diejenigen Zielspeicherbereiche, in die die zu transportierende Dateneinheit gebracht werden soll. Auf das Wort TO muß *mindestens eine* Datenbezeichnung folgen.

Die zu transportierende Dateneinheit bleibt in ihrem ursprünglichen Speicherbereich unverändert erhalten.

Die genaue Ausführung der MOVE-Anweisung hängt von der Deklaration des Zielspeicherbereichs in der DATA DIVISION ab.

Es gelten folgende Regeln:

(1) Ist der empfangende Speicherbereich eine elementare Dateneinheit und in seiner PICTURE-Klausel durch ein numerisches Muster oder ein Druckmuster beschrieben, so muß die zu transportierende Dateneinheit eine durch ein numerisches Muster beschriebene elementare Dateneinheit sein.

  (1.1) Ist der empfangende Speicherbereich numerisch, so wird die zu transportierende Dateneinheit *stellenrichtig* in den Zielspeicherbereich eingetragen. Je nach der links bzw. rechts vom fiktiven Rechenkomma des empfangenden Bereichs verfügbaren Stellenzahl wird nach links bzw. rechts mit Nullen aufgefüllt, oder es werden entsprechende Stellen abgeschnitten. Im letzteren Falle erfolgt eine Fehlermeldung durch das Übersetzungsprogramm.

  (1.2) Ist der empfangende Speicherbereich durch ein Druckmuster in seiner PICTURE-Klausel beschrieben, so gelten die bei den PICTURE-Klauseln zur Druckaufbereitung angegebenen Regeln (vgl. Seite 84).

(2) Ist der empfangende Speicherbereich eine alphabetische oder alphanumerische elementare Dateneinheit, so hat dies auch auf die zu transportierende Dateneinheit zuzutreffen. Letztere wird grundsätzlich *linksbündig* (Zeichen für Zeichen von links nach rechts) in den Zielspeicherbereich übertragen.

(3) Soll durch eine MOVE-Anweisung eine zusammengesetzte Dateneinheit in einen entsprechenden Zielspeicherbereich transportiert werden, so müssen die zu transportierende Dateneinheit und der Zielspeicherbereich in ihrer Struktur und Datenbeschreibung identisch sein.

Beispiele:

Zu transportierende Dateneinheit		Zielspeicherbereich	
Muster in der PICTURE-Klausel	Zeichendarstellung im Speicher	Muster in der PICTURE-Klausel	Zeichendarstellung im Speicher
9(4)V99	831276	9(6)V9(3)	008312760
9(4)V99	831276	9(3)V9	3127
A(3)	EVA	A(7)	EVA

8.3. Eingabe- und Ausgabeanweisungen

Die Eingabe- bzw. Ausgabeanweisungen dienen dazu, die vor Beginn des Datenverarbeitungsprozesses extern gespeichert vorliegenden Informationen in den Hauptspeicher der Zentraleinheit zur Verarbeitung einzugeben bzw. die Ergebnisse des Verarbeitungsprozesses aus dem Hauptspeicher an entsprechende externe Speichermedien auszugeben.
Man hat zwischen der datensatzweise erfolgenden Eingabe bzw. Ausgabe von *files* und der Eingabe bzw. Ausgabe von Einzelinformationen zu unterscheiden. Nach dem diesem Band zugrunde liegenden Ausstattungsstandard der Anlage erfolgt die Eingabe von *files* über Lochkartenleser. Die Ausgabe von *files* kann entsprechend über Lochkartenstanzer oder über Schnelldrucker erfolgen. Weiterhin soll im Rahmen dieses Bandes angenommen werden, daß die Eingabe und Ausgabe von Einzelinformationen über die Schreibmaschine des Bedienungspultes erfolgt.

8.3.1. Eingabe und Ausgabe von Einzelinformationen

Eine DISPLAY-Anweisung (*to display:* zeigen, ausgeben) veranlaßt im einfachsten Falle die Ausgabe einer Dateneinheit über die Schreibmaschine des Bedienungspultes. Eine derartige Anweisung besitzt die Struktur

$$\textbf{DISPLAY}\left[\left\{\begin{matrix}\langle\text{Datenbezeichnung}\rangle\\ \langle\text{Literal}\rangle\end{matrix}\right\}(,)\right] .$$

An das Verb DISPLAY schließt sich also eine Folge von Datenbezeichnungen (ggf. qualifizierten Datennamen) oder Literalen (numerischen Literalen, alphanumerischen Literalen, figurativen Konstanten) an. Alle so bezeichneten Dateneinheiten werden in der angegebenen Reihenfolge über die Schreibmaschine des Bedienungspultes ausgeschrieben. Ein Zeilenwechsel wird dabei zum jeweils erforderlichen Zeitpunkt (u. U. mitten in einer Dateneinheit) automatisch vollzogen.

Beispiel:

```
DISPLAY "PI = ", PI
```

In diesem Falle handelt es sich um eine DISPLAY-Anweisung mit zwei Operanden. Der 1. Operand ist ein alphanumerisches Literal, der 2. ist der Datenname PI. Beträgt der in der Anlage berechnete Wert der Dateneinheit PI **3,141593**, so erhält man das Druckbild **PI = 3,141593**. Dabei ist allerdings vorausgesetzt, daß in die durch den Datennamen PI bezeichnete Dateneinheit durch Druckaufbereitung das Komma vorher eingefügt wurde.
Die ***Eingabe*** von Einzelinformationen über das Tastenfeld der Schreibmaschine wird durch eine ACCEPT-Anweisung in ihrer einfachsten Form eingeleitet (*to accept:* annehmen). Diese Anweisung besitzt die Struktur

$$\textbf{ACCEPT}\ \langle\text{Datenbezeichnung}\rangle .$$

Die auftretende Datenbezeichnung muß in der DATA DIVISION des Programms beschrieben sein und legt den Speicherbereich fest, in den die anschließend von Hand eingetastete Dateneinheit transportiert wird. Um diese manuelle Eingabe zu ermöglichen, unterbricht die Anlage vorübergehend an dieser Stelle die Abarbeitung des Programms. Nach beendeter manueller Eingabe kann durch Betätigung der START-Taste des Automaten die Programmabarbeitung fortgesetzt werden.

Es wird automatisch dafür gesorgt, daß nur der in der jeweiligen ACCEPT-Anweisung bezeichnete Speicherbereich beschrieben werden kann. Werden versehentlich mehr Zeichen eingetastet als auf dem bezeichneten Speicherbereich Platz finden, so bleibt dies wirkungslos.

Beispiel:

ACCEPT DATUM

Hierbei sei DATUM der Name einer 6stelligen Dateneinheit, in die das jeweils aktuelle Datum (z. B. am 2. Juni 1965 der Wert 020665) einzugeben ist.

8.3.2. Eingabe und Ausgabe von files

Jeder Eingabe*file* und jeder Ausgabe*file* muß vor der Eingabe bzw. Ausgabe des ersten Datensatzes *eröffnet* und nach der Eingabe bzw. Ausgabe des letzten Datensatzes *abgeschlossen* werden. Zur Eröffnung bzw. zum Abschluß eines *file* dienen die OPEN-Anweisung bzw. die CLOSE-Anweisung. Die eigentliche Bedeutung dieser Anweisungen ist erst im Zusammenhang mit der Magnetbandarbeit erkennbar und soll daher erst im Band „Oberstufe" genauer beschrieben werden. Da Eröffnung und Abschluß aber auch für Lochkarten- und Schnelldrucker*files* obligatorisch sind, muß auf die einfachsten Varianten dieser Anweisungen bereits hier eingegangen werden.

Die OPEN-Anweisung hat im einfachsten Falle die Struktur

$$\textbf{OPEN} \left\{ \begin{array}{l} \textbf{INPUT} \\ \textbf{OUTPUT} \end{array} \right\} \left[\langle \textit{file}\text{-Name} \rangle \; _{(,)} \right] .$$

Je nachdem, ob es sich um die Eröffnung von Eingabe- oder Ausgabe*files* handelt, ist nach dem Verb OPEN das reservierte Schlüsselwort INPUT (*input:* Eingang) oder OUTPUT (*output:* Ausgang) zu verwenden. Danach werden in einer Folge von *file*-Namen alle zu eröffnenden Eingabe- bzw. Ausgabe*files* bezeichnet. Alle diese *file*-Namen müssen in der FILE SECTION der DATA DIVISION beschrieben sein.

Bei der Programmübersetzung wird eine OPEN-Anweisung des COBOL-Programms in eine Maschinenbefehlsfolge umgesetzt, die das für den entsprechenden Eingabe*file* oder Ausgabe*file* zuständige Eingabegerät bzw. Ausgabegerät in den erforderlichen Betriebszustand versetzt (z. B. Einschalten des Geräts, Übernahme des Inhalts der ersten Lochkarte in den Lochkarteneingabepuffer). Es wird von einer OPEN-Anweisung jedoch nicht die Eingabe des ersten Datensatzes in den entsprechenden Eingabebereich veranlaßt. Der Eingabebereich wird durch die OPEN-Anweisung jedoch für die folgenden Programmteile reserviert.

Die einfachste Form der CLOSE-Anweisung besitzt die Struktur

CLOSE [⟨*file*-Name⟩ (,)]

.

An das Verb CLOSE schließt sich also eine Folge von *file*-Namen an, die die abzuschließenden *files* bezeichnen. Bei der Programmübersetzung wird eine CLOSE-Anweisung in eine Folge von Maschinenbefehlen umgesetzt, die das für den entsprechenden Eingabe*file* bzw. Ausgabe*file* zuständige Eingabe- bzw. Ausgabegerät abschaltet und den entsprechenden Ausgabespeicherbereich wieder für andere Zwecke zur Verfügung stellt. Auf diese Weise wird verhindert, daß die Eingabe- bzw. Ausgabegeräte abgeschlossener *files* in weiteren Programmteilen angesprochen werden können, falls die entsprechenden *files* nicht durch eine erneute OPEN-Anweisung wieder eröffnet werden.

Weitere Konsequenzen der OPEN- und CLOSE-Anweisung werden im Band „Oberstufe“ im Zusammenhang mit der Eingabe und Ausgabe von Magnetband*files* behandelt.

Die eigentliche Eingabe bzw. Ausgabe der einzelnen Datensätze eines *file* wird durch READ-Anweisungen bzw. WRITE-Anweisungen ausgelöst (*to read:* lesen; *to write:* schreiben).

Für die Eingabe eines Datensatzes über eine Lochkarte kommt man mit folgender Struktur der READ-Anweisung aus:

READ ⟨*file*-Name⟩ ((**INTO** ⟨Datenbezeichnung⟩))   ((AT **END** ⟨unbedingte Anweisung⟩))

.

Auf das Verb READ folgt der Name desjenigen *file*, von dem gelesen werden soll. Es wird jeweils derjenige Datensatz dieses *file* in den entsprechenden Eingabebereich eingelesen, der in der im Stapel nächstfolgenden Lochkarte enthalten ist. Nach der READ-Anweisung steht dieser Datensatz unter dem für ihn in der DATA DIVISION festgelegten Datennamen zur Weiterverarbeitung zur Verfügung. Dasselbe trifft auf alle in diesem Datensatz enthaltenen Dateneinheiten zu. Es ist zu beachten, daß in der READ-Anweisung stets der Name des *file*, von dem gelesen werden soll, anzugeben ist.

Die beiden weiteren Bestandteile der READ-Anweisung sind jeweils in runde Doppelklammern eingeschlossen, Diese Symbolik soll anzeigen, daß diese Klausel nur unter bestimmten Umständen der READ-Anweisung anzugehören brauchen.

Die durch das Schlüsselwort INTO eingeleitete Klausel ist nur dann erforderlich, wenn ihre zusätzliche Wirkung vom Programmierer benötigt wird. Die INTO-Klausel bewirkt, daß zusätzlich *nach* dem Einlesen des neuen Datensatzes eine Transportanweisung vom Eingabespeicherbereich zu dem in der INTO-Klausel bezeichneten Speicherbereich ausgeführt wird. Diese Transportanweisung unterliegt vollständig den Regeln der MOVE-Anweisung (implizite MOVE-Anweisung). Wird die INTO-Klausel verwendet, so steht der eingelesene Datensatz anschließend sowohl im entsprechenden Eingabebereich als auch in dem in der INTO-Klausel bezeichneten Speicherbereich zur Verfügung.

Die AT END-Klausel gibt an, wie im Programm weiter zu verfahren ist, wenn der aufgerufene *file* bereits vollständig eingelesen war, wenn also keine weitere Lochkarte mehr zur Eingabe bereit lag. In diesem Falle kann die eigentlich befohlene READ-Anweisung nicht ausgeführt werden. Statt dessen wird zu der in der AT END-Klausel angegebenen unbedingten Anweisung übergegangen. Diese unbedingte Anweisung wird in der Regel eine Sprunganweisung (vgl. später) sein. Von den in einem Programm enthaltenen READ-Anweisungen für *einen* bestimmten *file* müssen entweder *alle* oder *genau einer* eine AT END-Klausel enthalten. Die Wirkung im letzteren Falle ist dieselbe, als wäre diese einzige AT END-Klausel in *allen* READ-Anweisungen dieses *file* enthalten.

Für die Ausgabe eines Datensatzes auf eine Lochkarte oder über einen Schnelldrucker ist folgende Struktur der WRITE-Anweisung maßgebend:

WRITE <Datensatz-Name> ((**FROM** <Datensatz-Name>))

((({ **BEFORE** / **AFTER** } ADVANCING { <Datenbezeichnung> LINES / <ganzzahlig. numer. Literal> LINES / <COBOL-Name> }))) .

Dem Verb WRITE folgt der Name des auszugebenden Datensatzes.

Daraufhin wird der im entsprechenden Ausgabespeicherbereich enthaltene Datensatz je nach Art des *file* auf eine Lochkarte oder als Schnelldruckerzeile ausgegeben.

Die FROM-Klausel ist nur dann erforderlich, wenn ihre zusätzliche Wirkung vom Programmierer benötigt wird. Sie bewirkt, daß *vor* der Ausgabe ein Datentransport von dem in der FROM-Klausel bezeichneten Speicherbereich zu dem Ausgabespeicherbereich durchgeführt wird. Dieser Datentransport unterliegt allen Regeln der MOVE-Anweisung.

Die ADVANCING-Klausel ist zur Steuerung des Papiervorschubs bei der Ausgabe von Schnelldrucker*files* erforderlich. Sie erlaubt Abweichungen von der fest programmierten Zeilenvorschubsteuerung (z. B. Vorschub um eine Zeile nach jeder Druckzeile). Fehlt die ADVANCING-Klausel in einer WRITE-Anweisung für Schnelldrucker, so wird stets die fest programmierte Vorschubsteuerung verwendet. Im anderen Falle wird je nach Gestalt der ADVANCING-Klausel entweder um eine bestimmte Zahl von

Zeilen oder zu einer durch einen COBOL-Namen bezeichneten *Position* des Formulars vorgeschoben. Der Druck erfolgt *vor* dem Vorschub, wenn das Schlüsselwort BEFORE verwendet wird. Es wird erst *nach* dem Vorschub gedruckt, wenn das Schlüsselwort AFTER verwendet wird.

8.4. Arithmetische Anweisungen

Im Rahmen dieses Bandes sollen zunächst nur die 4 arithmetischen *Grundanweisungen* behandelt werden.

Dies sind

(1) die ADD-Anweisung,
(2) die SUBTRACT-Anweisung,
(3) die MULTIPLY-Anweisung,
(4) die DIVIDE-Anweisung.

8.4.1. *ADD-Anweisung*

Mit Hilfe der ADD-Anweisung können beliebige numerische Literale sowie beliebige im Hauptspeicher stehende *elementare numerische* Dateneinheiten additiv miteinander verknüpft werden.

Die allgemeine Struktur der ADD-Anweisung ist

$$\textbf{ADD}\left[\left\{\begin{array}{l}\langle\text{numerisches Literal}\rangle\\ \langle\text{Datenbezeichnung}\rangle\end{array}\right\}^{\geqq 1}_{(,)}\right]\left\{\begin{array}{l}\text{TO }\langle\text{Datenbezeichnung}\rangle\\ \textbf{GIVING }\langle\text{Datenbezeichnung}\rangle\end{array}\right\}$$

$$((\textbf{ROUNDED}))\ ((\text{ON }\textbf{SIZE ERROR }\langle\text{unbedingte Anweisung}\rangle)) \; .$$

Alle in der ADD-Anweisung auftretenden Datenbezeichnungen (bis auf die hinter dem Wort GIVING stehende) müssen sich auf elementare Dateneinheiten beziehen, die in der DATA DIVISION als *numerisch* (d. h. durch ein numerisches Muster in ihrer PICTURE-Klausel) beschrieben worden sind.

An das Verb ADD schließt sich zunächst eine Folge von numerischen Literalen bzw. Datenbezeichnungen an, die aus mindestens einem Element besteht. Alle in dieser Folge bezeichneten Dateneinheiten werden addiert.

Schließt sich an diese Folge die Ausdrucksform TO ⟨Datenbezeichnung⟩ an, so wird die hierdurch bezeichnete Dateneinheit zu der bisher ermittelten Summe addiert. Die so ermittelte Gesamtsumme wird anschließend in den durch die *letzte* Datenbezeichnung bezeichneten Speicherbereich transportiert. Dieser anschließende Datentransport unterliegt den Regeln der MOVE-Anweisung. Daher muß der Ergebnisspeicherbereich von vornherein so deklariert sein, daß er in der Lage ist, das errechnete Ergebnis sinnvoll aufzunehmen. Es ist zu beachten, daß das reservierte COBOL-Wort TO hier ein Lesbarkeitswort darstellt, also vom Programmierer auch weggelassen werden kann.

Wird dagegen die Ausdrucksform GIVING ⟨Datenbezeichnung⟩ verwendet, so wird die durch diese Datenbezeichnung bezeichnete Dateneinheit *nicht* zu der bisher ermittelten Summe addiert. Die ermittelte Summe wird lediglich durch einen anschließenden (den Regeln der MOVE-Anweisung unterliegenden) Datentransport in den zuletzt bezeichneten Speicherbereich transportiert. Auf das Wort GIVING folgt also lediglich die Bezeichnung des Ergebnisspeicherbereichs, der ausnahmsweise auch durch ein Druckmuster in der DATA DIVISION beschrieben sein kann.

Beispiele:

(1) ADD SIGMA, 3,8, C TO SUMME
D. h. SUMME ⇐ SIGMA + 3,8 + C + SUMME

(2) ADD SIGMA, 3,8, C, SUMME
D. h. SUMME ⇐ SIGMA + 3,8 + C + SUMME

(3) ADD SIGMA, 3,8, C GIVING SUMME
D. h. SUMME ⇐ SIGMA + 3,8 + C

Bei den auszuführenden Additionen werden die Vorzeichen der Operanden entsprechend berücksichtigt. Müssen beim Transport der errechneten Summe in den jeweiligen Ergebnisspeicherbereich *rechts* Stellen abgeschnitten werden, so kann durch zusätzliche Verwendung der ROUNDED-Klausel erreicht werden, daß in Abhängigkeit vom Wert der höchsten abgeschnittenen Stelle die letzte gültige Stelle des Ergebnisses gerundet wird. Da der abschließende Transport der Summe in den Ergebnisspeicherbereich nach den Regeln der MOVE-Anweisung erfolgt, kann es passieren, daß dieser nach links hin überläuft. In diesem Falle werden bekanntlich alle nach links überlaufenden Stellen abgeschnitten. Durch zusätzliche Verwendung der ON SIZE ERROR-Klausel hat der Programmierer die Möglichkeit, durch eine nur in diesem Falle zur Ausführung gelangende, unbedingte Anweisung entsprechende Maßnahmen einzuleiten (*size:* Länge; *error:* Fehler). Die angegebene Anweisung tritt dann an die Stelle des abschließenden Datentransports. Wird die ON SIZE ERROR-Klausel nicht verwendet, so bleiben entsprechende Überlauffehler unerkannt.

8.4.2. SUBTRACT-Anweisung

Die SUBTRACT-Anweisung besitzt folgende Struktur:

```
SUBTRACT [ { ⟨numerisches Literal⟩ }  ≧ 1 ]
         [ { ⟨Datenbezeichnung⟩    }  (,)  ]

   FROM { ⟨numerisches Literal⟩ GIVING ⟨Datenbezeichnung⟩       }
        { ⟨Datenbezeichnung⟩   ((GIVING ⟨Datenbezeichnung⟩))    }

   ((ROUNDED)) ((ON SIZE ERROR ⟨unbedingte Anweisung⟩))
```

Alle in der SUBTRACT-Anweisung auftretenden Datenbezeichnungen (bis auf die hinter dem Wort GIVING stehende) müssen numerische elementare Dateneinheiten bezeichnen.
An das Verb SUBTRACT schließt sich eine aus mindestens einem Element bestehende Folge von numerischen Literalen bzw. Datenbezeichnungen an. Alle in dieser Folge bezeichneten Dateneinheiten werden *addiert*. Diese Summe wird von der hinter dem Wort FROM bezeichneten Dateneinheit subtrahiert. Ist die letztere durch ein numerisches Literal gegeben, so *muß* durch die anschließende Ausdrucksform GIVING ⟨Datenbezeichnung⟩ der Ergebnisspeicherbereich benannt werden, in den diese Differenz anschließend (nach den Regeln der MOVE-Anweisung) transportiert wird. Steht dagegen hinter dem Wort FROM eine Datenbezeichnung, so wird die errechnete Differenz anschließend in den durch sie bezeichneten Zielspeicherbereich transportiert. Die Ausdrucksform GIVING ⟨Datenbezeichnung⟩ *kann* in diesem Falle zusätzlich vom Programmierer verwendet werden und besitzt dann die oben angegebene Wirkung. Die auf GIVING folgende Datenbezeichnung darf (da sie nicht als Operand auftritt) durch ein Druckmuster beschrieben sein.

Beispiele:

(1) SUBTRACT 3, ALPHA FROM 12 GIVING ERGEBNIS
D. h. ERGEBNIS $\Leftarrow$ 12 — (3 + ALPHA)

(2) SUBTRACT 14, X, Y FROM SUMME
D. h. **SUMME** $\Leftarrow$ SUMME — (14 + X + Y)

(3) SUBTRACT 14, X, Y FROM SUMME GIVING ERGEBNIS
D. h. SUMME $\Leftarrow$ SUMME — (14 + X + Y)
ERGEBNIS $\Leftarrow$ SUMME.

Die zusätzliche ROUNDED-Klausel sowie die ebenfalls zusätzliche ON SIZE ERROR-Klausel besitzen die bei der ADD-Anweisung beschriebene Wirkung.

8.4.3. MULTIPLY-Anweisung

Die MULTIPLY-Anweisung besitzt die Struktur

MULTIPLY { ⟨numerisches Literal⟩ | ⟨Datenbezeichnung⟩ }

BY { ⟨numerisches Literal⟩ **GIVING** ⟨Datenbezeichnung⟩ | ⟨Datenbezeichnung⟩ ((**GIVING** ⟨Datenbezeichnung⟩)) }

((**ROUNDED**)) ((ON **SIZE ERROR** ⟨unbedingte Anweisung⟩)) .

Alle in der MULTIPLY-Anweisung vorkommenden Datenbezeichnungen (bis auf die hinter dem Wort GIVING stehende) müssen numerische elementare Dateneinheiten bezeichnen.

Die nach dem Verb MULTIPLY angegebene Dateneinheit ist mit der nach dem Wort BY bezeichneten zu multiplizieren. Ist der zweite Faktor ein numerisches Literal, so *muß* die Ausdrucksform GIVING ⟨Datenbezeichnung⟩ verwendet werden. Sie gibt den Ergebnisspeicherbereich an, in den das Produkt anschließend (nach den Regeln der MOVE-Anweisung) zu transportieren ist. Ist der zweite Faktor dagegen eine Datenbezeichnung, so benennt diese zugleich den Ergebnisspeicherbereich. Die Ausdrucksform GIVING ⟨Datenbezeichnung⟩ *darf* dann zusätzlich verwendet werden. Die auf GIVING folgende Datenbezeichnung darf (da sie keinen Operanden bezeichnet) durch ein Druckmuster beschrieben sein. Im Hinblick auf die ROUNDED-Klausel und die ON SIZE-Klausel gelten die Hinweise, die bei der ADD-Anweisung gegeben wurden.

8.4.4. DIVIDE-Anweisung

Die Struktur der DIVIDE-Anweisung ist

```
DIVIDE { ⟨numerisches Literal⟩ }
       { ⟨Datenbezeichnung⟩    }

  INTO { ⟨numerisches Literal⟩  GIVING ⟨Datenbezeichnung⟩       }
       { ⟨Datenbezeichnung⟩    ((GIVING ⟨Datenbezeichnung⟩))    }  .

  ((ROUNDED)) ((ON SIZE ERROR ⟨unbedingte Anweisung⟩))
```

Alle Datenbezeichnungen (bis auf die unmittelbar auf GIVING folgende) müssen numerische elementare Dateneinheiten bezeichnen.
Die hinter dem Wort INTO bezeichnete Dateneinheit wird durch die hinter dem Verb DIVIDE bezeichnete Dateneinheit dividiert. Der Gebrauch der Ausdrucksform GIVING ⟨Datenbezeichnung⟩ ist wie bei der MULTIPLY-Anweisung geregelt. Für die ROUNDED-Klausel und die ON SIZE ERROR-Klausel gelten die bei der ADD-Anweisung gegebenen Hinweise.

Beispiele:

(1) DIVIDE A INTO B
    D. h. B ⇐ B/A

(2) DIVIDE A INTO B GIVING C
    D. h. B ⇐ B/A
          C ⇐ B

(3) DIVIDE X INTO 128 GIVING Y
    D. h. Y ⇐ 128/X

8.5. Sprunganweisungen

Die einzelnen Anweisungen der PROCEDURE DIVISION eines COBOL-Programms werden normalerweise in der Reihenfolge ausgeführt, in der sie vom Programmierer niedergeschrieben worden sind. Durch Sprunganweisungen besteht jedoch die Möglichkeit, von dieser Regel abzuweichen. Hier sollen zunächst die einfachsten Formen von Sprunganweisungen behandelt werden:

die GO-Anweisung,
die PERFORM-Anweisung.
die STOP-Anweisung,

GO-Anweisung. Eine GO-Anweisung besitzt im einfachsten Falle die Struktur

GO TO ⟨Prozedur-Name⟩

.

Ihre Wirkung besteht darin, daß die Abarbeitung des Programms nicht mit der nächstfolgenden Anweisung, sondern mit demjenigen Paragraphen oder demjenigen Kapitel fortgesetzt wird, dessen Name in der GO-Anweisung genannt wird.

Daraus ergibt sich die Notwendigkeit, daß alle diejenigen Stellen eines Programms, an die von irgendwelchen Stellen aus gesprungen werden soll, stets am Anfang eines Paragraphen oder eines Kapitels stehen müssen.

Der durch eine GO-Anweisung „angesprungene“ Paragraph (oder das entsprechende Kapitel) kann an beliebiger Stelle vor oder nach dieser Sprunganweisung im COBOL-Programm stehen. Insbesondere darf zum Anfang desjenigen Paragraphen oder Kapitels zurückgesprungen werden, in dem die Sprunganweisung enthalten ist.

In einen Programmsatz *(sentence)* der PROCEDURE DIVISION darf eine GO-Anweisung nur als letzte vor dem abschließenden Punkt stehen. Beispiele für den Gebrauch der GO-Anweisung wird das diesen Band abschließende Stipendienprogramm zeigen.

PERFORM-Anweisung (*to perform:* durchführen, ausführen) besitzt im einfachsten Falle die Struktur

PERFORM ⟨Prozedur-Name⟩

.

Sie bewirkt einen Unterprogrammsprung im Sinne der *geschlossenen* Unterprogrammtechnik (vgl. S. 31f). Es wird zu dem durch den angegebenen Prozedurnamen bezeichneten Paragraphen bzw. Kapitel der PROCEDURE DIVISION gesprungen. Im Unterschied zur GO-Anweisung wird jedoch nach Abarbeitung dieses Paragraphen bzw. Kapitels zu der auf die PERFORM-Anweisung folgenden Anweisung zurückgesprungen. Die durch den Prozedurnamen in der PERFORM-Anweisung bezeichnete Prozedur (Paragraph, Kapitel) wird also gewissermaßen anstelle der PERFORM-Anweisung in das Programm eingefügt.

Um den regulären Rücksprung zu ermöglichen, darf die letzte Anweisung der einzufügenden Prozedur nicht mit einer GO-Anweisung enden.

Eine ausführlichere Erörterung auch der komplizierteren Strukturen von PERFORM-Anweisungen kann erst im Band „Oberstufe" erfolgen.

Beispiele für einfache PERFORM-Anweisungen enthält das diesen Band abschließende Stipendienprogramm.

STOP-Anweisung. Eine STOP-Anweisung, die zur Beendigung der automatischen Programmabarbeitung führt, besitzt die Struktur

STOP RUN

(*run:* Lauf).

Diese STOP-Anweisung muß stets die letzte Anweisung in einem Programmsatz *(sentence)* der PROCEDURE DIVISION sein.

8.6. Bedingte Anweisungen

Alle bisher besprochenen einfachen Anweisungen hatten die Eigenschaft, daß ihre Ausführung an keinerlei Bedingungen geknüpft war. In der Programmierungssprache COBOL besteht nun die Möglichkeit, die Ausführung beliebiger Anweisungen von der Erfüllung bestimmter Bedingungen abhängig zu machen. Als Bedingungen werden am häufigsten die Ergebnisse von Größenvergleichen zwischen numerischen Dateneinheiten herangezogen.

Im einfachsten Falle haben derartige *bedingte Anweisungen* folgende Struktur

$$\textbf{IF} \left\{\begin{array}{l}\langle\text{numer. Literal}\rangle\\ \langle\text{Datenbezeichnung}\rangle\end{array}\right\} \langle\text{Vergleichsoperator}\rangle \left\{\begin{array}{l}\langle\text{numer.Literal}\\ \langle\text{Datenbezeichnung}\rangle\end{array}\right\}$$

$$\left\{\begin{array}{l}\langle\text{unbedingte Anweisung}\rangle\\ \textbf{NEXT SENTENCE}\end{array}\right\} \textbf{ELSE} \left\{\begin{array}{l}\langle\text{unbedingte Anweisung}\rangle\\ \textbf{NEXT SENTENCE}\end{array}\right\} .$$

Als Vergleichsoperatoren kommen in Frage die Zeichen $=$, $<$ und $>$.

Ist die unmittelbar auf das Wort IF (*if:* wenn) folgende Vergleichsbedingung erfüllt, so gelangt die *vor* dem Wort ELSE (*else:* sonst) stehende Alternative zur Ausführung. Ist die angegebene Bedingung nicht erfüllt, so wird die *nach* dem Wort ELSE folgende Alternative realisiert.

Ist die jeweils auszuführende Alternative eine unbedingte Anweisung, so wird nach deren Realisierung zum nächsten Programmsatz übergegangen. Somit wird stets genau eine der angegebenen Alternativen ausgeführt.

Lautet die auszuführende Alternative NEXT SENTENCE, so ist sofort zum nächsten Programmsatz überzugehen.

Eine derartige IF-Anweisung muß stets die letzte Anweisung eines Programmsatzes der PROCEDURE DIVISION sein.

Der auf eine IF-Anweisung folgende Programmsatz schließt sich deshalb stets nach einem Punkt unmittelbar an diese Anweisung an.

Lautet die nach dem Wort ELSE aufgeführte Alternative NEXT SENTENCE, so dürfen in diesem Falle die Wörter ELSE NEXT SENTENCE zur Abkürzung auch weggelassen werden.

Statt

```
IF A=O MOVE X TO Y ELSE NEXT SENTENCE.
```

kann also abkürzend geschrieben werden

```
IF A=O MOVE X TO Y.
```

Beispiele für die Anwendung bedingter Anweisungen enthält das diesen Band abschließende Stipendienprogramm.

9. ENVIRONMENT DIVISION

Bei der ENVIRONMENT DIVISION handelt es sich um einen weitgehend anlagenabhängigen Abschnitt des COBOL-Programms. Im folgenden sollen die wichtigsten Bestandteile der ENVIRONMENT DIVISION und ihre inhaltliche Bedeutung kurz beschrieben werden. Dieser Abschnitt des COBOL-Programms beginnt mit der Überschrift

ENVIRONMENT DIVISION.

in Spalte 8 einer neuen Zeile des COBOL-Programm-Formulars. Diese Überschrift wird mit einem Punkt abgeschlossen.

Die gesamte ENVIRONMENT DIVISION zerfällt in zwei Kapitel, die durch die standardisierten Überschriften

CONFIGURATION SECTION bzw.
INPUT-OUTPUT SECTION

eingeleitet werden. Auch diese Kapitelüberschriften beginnen jeweils in Spalte 8 einer neuen Formularzeile und werden durch einen Punkt abgeschlossen.

9.1. CONFIGURATION SECTION

Von den insgesamt drei Paragraphen der CONFIGURATION SECTION sollen hier nur die beiden ersten behandelt werden. Diese tragen die standardisierten Überschriften

SOURCE-COMPUTER bzw.
OBJECT-COMPUTER ;

beide Überschriften sind in Spalte 8 einer neuen Formularzeile zu beginnen und durch einen Punkt abzuschließen.

Im Paragraphen SOURCE-COMPUTER ist im einfachsten Falle nur der Name desjenigen Automaten anzugeben, auf dem das vorliegende COBOL-Programm übersetzt werden soll.

Zum Beispiel

SOURCE-COMPUTER. ROBOTRON-300.

Ein weiterer Ausbau dieses Paragraphen, der hier allerdings nicht vollzogen werden soll, gestattet zusätzlich die Angabe der Speicherkapazität sowie der Ausrüstung mit externen Geräten.

Im anschließenden Paragraphen OBJECT-COMPUTER ist im einfachsten Falle nur der Name desjenigen Automaten anzugeben, auf dem das aus diesem COBOL-Programm erzeugte Maschinenprogramm später laufen soll. Auch diesem Paragraphen können weitere (hier nicht näher behandelte) Ausdrucksmittel zur näheren Kennzeichnung des Ausstattungsgrades dieser Anlage hinzugefügt werden.
Alle genannten Erweiterungen wie auch der 3. Paragraph der CONFIGURATION SECTION sind für ein einfaches COBOL-Programm nicht unbedingt erforderlich und sollen daher erst im Band „Oberstufe" näher behandelt werden.

9.2. INPUT-OUTPUT SECTION

Im Rahmen der INPUT-OUTPUT SECTION ist vor allem der erste, mit der Überschrift FILE-CONTROL zu versehende Paragraph wesentlich. An die Überschrift, die in Spalte 8 einer neuen Formularzeile beginnen muß, schließt sich eine Folge von so vielen FILE-CONTROL-Eintragungen an, wie in der DATA DIVISION *files* eingeführt worden sind. Eine FILE-CONTROL-Eintragung besitzt im einfachsten Falle die Struktur

$$\textbf{SELECT}\ \langle \textit{file}\text{-Name}\rangle\ \textbf{ASSIGN}\ \text{TO} \left\{ \begin{array}{l} \text{CARD-READER-1} \\ \text{CARD-READER-2} \\ \text{CARD-READER-3} \\ \text{CARD-PUNCH-1} \\ \text{CARD-PUNCH-2} \\ \text{CARD-PUNCH-3} \\ \text{PRINTER-1} \\ \text{PRINTER-2} \\ \text{PRINTER-3} \end{array} \right\}$$

(*to select:* wählen, auszuwählen; *to assign:* zuordnen). Durch diese Eintragung wird der durch den angegebenen *file*-Namen bezeichnete *file* einem Eingabe- oder Ausgabegerät zugeordnet. Die reservierten Wörter zur Bezeichnung der Eingabe- bzw. Ausgabegeräte sind nicht in COBOL-61 festgelegt. Sie sind in Abhängigkeit von den Ausstattungsmöglichkeiten konkreter Anlagen in jeder speziellen COBOL-Sprache gesondert festzulegen. In der hier beschriebenen COBOL-Sprache bedeuten:

CARD-READER-1	CARD-READER-3	:	Lochkartenleser
CARD-PUNCH-1	CARD-PUNCH-3	:	Lochkartenstanzer
PRINTER-1	PRINTER-3	:	Schnelldrucker.

Die weiteren Paragraphen der INPUT-OUTPUT SECTION sowie Erweiterungen der behandelten Eintragungen werden im Band „Oberstufe" dargestellt. Das abschließende Beispiel dieses Bandes zeigt den Aufbau einer konkreten ENVIRONMENT DIVISION.

10. IDENTIFICATION DIVISION

Alle Eintragungen der IDENTIFICATION DIVISION dienen ausschließlich der Programmdokumentation und werden zur Erzeugung des Maschinenprogramms *nicht* mit herangezogen. Diese *division* beginnt in Spalte 8 einer neuen Zeile des Programmformulars mit der Überschrift

IDENTIFICATION DIVISION.

Der erste Paragraph dieses Programmabschnitts trägt die Überschrift PROGRAM-ID und enthält die Bezeichnung des Gesamtprogramms. An diesen ersten Paragraphen können sich weitere Paragraphen mit folgenden standardisierten Überschriften anschließen:

AUTHOR.
INSTALLATION.
DATE-WRITTEN.
REMARKS.

Alle diese Paragraphen enthalten Folgen von Sätzen aus COBOL-Zeichen, die zur Kennzeichnung des Programmierers, zur Bezeichnung des Rechenzentrums, zur Angabe des Entstehungsdatums dieses Programms sowie sonstigen Bemerkungen dienen.
Das folgende abschließende Beispiel dieses Bandes zeigt den Aufbau einer konkreten IDENTIFICATION DIVISION.

11. Abschließendes Beispiel

Dem folgenden abschließenden Programmbeispiel soll als Problemstellung die maschinelle Stipendienabrechnung zugrunde liegen. Die Problemstellung ist in folgender Weise eingeschränkt worden, um ein möglichst kurzes und übersichtliches Programm zu erhalten:

(1) Es sind nicht alle Beträge verarbeitet worden, die in ein Stipendium eingehen können.

(2) Es werden nur solche Veränderungen des Nettostipendiums betrachtet, die sich durch Krankheit des Studenten ergeben. Zur Berechnung der Krankenabzüge werden die Dateneinheiten TAGE-50 und TAGE-25 herangezogen. Die erste davon stellt die Anzahl derjenigen Tage des jeweiligen Monats dar, für die der Student 50% seines Stipendiums erhält. TAGE-25 stellt dagegen die Anzahl derjenigen Tage dar, für die 25% gezahlt werden, Die Dateneinheit TAGE stellt die SUMME von TAGE-50 und TAGE-25 dar.

Folgende Hinweise müssen noch gegeben werden, damit der Leser sich die Einzelheiten dieses Programms aus dem angegebenen Programmablaufplan (Bild 22, S. 51) und der COBOL-Formulierung selbst klarmachen kann:

(1) Die Datensätze des *file* STIP-DATEN liegen nach Zahlstellennummern und innerhalb einer Zahlstelle nach Einschreibungsnummern sortiert vor. Bei gleicher Einschreibungsnummer kommt stets zuerst die Stammkarte und dann die Änderungskarte.

(2) Stammkarten sind durch die Kartenart 07 und Änderungskarten durch die Kartenart 08 gekennzeichnet.

```
IDENTIFICATION DIVISION.
PROGRAM-ID.
        STIP-ABRECHNUNG.
AUTHOR.
        D. BAER.
INSTALLATION.
        RECHENZENTRUM XYZ.
DATE-WRITTEN.
        1, APRIL 1966.
```

```
REMARKS.
    DIESES PROGRAMM SOLL ALS ABSCHLIESSENDES
    BEISPIEL FUER DIESEN EINFUEHRENDEN BAND
    DIENEN. BEI DER ABFASSUNG DES PROGRAMMS WURDE
    DESHALB BESONDERER WERT DARAUF GELEGT, DASS
    EINERSEITS MOEGLICHST VIELE DER BEHANDELTEN
    ELEMENTAREN AUSDRUCKSMITTEL DER SPRACHE
    COBOL ZUR ANWENDUNG KAMEN UND ANDERERSEITS
    EIN UEBERSICHTLICH GEGLIEDERTES PROGRAMM
    ENTSTAND. ES WURDE KEIN BESONDERER WERT AUF
    DIE ERZEUGUNG EINES OPTIMALEN
    MASCHINEN-PROGRAMMS FUER IRGENDEINEN
    KONKRETEN AUTOMATEN GELEGT. DA FUER DIESES
    BEISPIEL NOCH NICHT ALLE AUSDRUCKSMITTEL VON
    COBOL-61 ZUR VERFUEGUNG STEHEN, WAREN
    GELEGENTLICH ETWAS SCHWERFAELLIGE
    AUSDRUCKSFORMEN NICHT ZU VERMEIDEN.
ENVIRONMENT DIVISION.
CONFIGURATION SECTION.
SOURCE-COMPUTER.
    ROBOTRON-300.
OBJECT-COMPUTER.
    ROBOTRON-300.
INPUT-OUTPUT SECTION.
FILE CONTROL.
    SELECT STIP-DATEN ASSIGN TO CARD-READER-1, SELECT
    DRUCKZEILEN ASSIGN TO PRINTER-1.
DATA DIVISION.
FILE SECTION.
FD  STIP-DATEN DATA RECORDS ARE STIP-STAMM-SATZ,
    STIP-AEND-SATZ; LABEL RECORD IS OMITTED.
01  STIP-STAMM-SATZ.
    02  KARTEN-ART PICTURE IS 99.
    02  PERSONALIEN.
        03  NAME PICTURE IS A(12).
        03  VORNAME PICTURE IS A(12).
    02  IMMAT-DATEN.
        03  EINSCHR-NR PICTURE IS 9(5).
        03  ZAHLST-NR PICTURE IS 99.
        03  STIP-ART PICTURE IS A.
        03  ZUSCHL-ART PICTURE IS A.
    02  BETRAEGE.
        03 GRUND-LEIST-STIP PICTURE IS 9(4)V99.
        03  STUD-BEIH PICTURE IS 999V99.
```

```
          03  FAM-BEIH PICTURE IS 999V99.
          03  EHEG-ZUSCHL PICTURE IS 99V99.
          03  KINDER-GELD PICTURE IS 999V99.
          03  MIETE PICTURE IS 99V99.
          03  SONST-ABZ PICTURE IS 9(4)V99.
 01  STIP-AEND-SATZ.
     02  KARTEN-ART PICTURE IS 99.
     02  AEND-ART PICTURE IS A.
     02  PERSONALIEN COPY PERSONALIEN IN
         STIP-STAMM-SATZ.
     02  IMMAT-DATEN COPY IMMAT-DATEN IN
         STIP-STAMM-SATZ.
     02  BETRAEGE COPY BETRAEGE IN STIP-STAMM-SATZ.
     02  KRANKHEIT.
         03  TAGE PICTURE IS 99.
         03  TAGE-50 PICTURE IS 99.
         03  TAGE-25 PICTURE IS 99.
 FD DRUCK-ZEILEN DATA RECORDS ARE ZEILE, TEIL-SUM-SATZ,
     END-SUM-SATZ; LABEL RECORD IS OMITTED.
 01  ZEILE.
     02  ZAHLST-NR PICTURE 99.
     02  EINSCHR-NR PICTURE 9(6).
     02  NAME PICTURE A(16).
     02  VORNAME PICTURE A(16).
     02  GRUND-LEIST-STIP PICTURE ZZ.ZZZ,ZZ.
     02  STUD-BEIH PICTURE Z(4),ZZ.
     02  FAM-BEIH PICTURE Z(4),ZZ.
     02  EHEG-ZUSCHL PICTURE Z(3),ZZ.
     02  KINDER-GELD PICTURE Z(4),ZZ.
     02  MIETE PICTURE Z(3),ZZ.
     02  SONST-ABZ PICTURE ZZ.ZZZ,ZZ.
     02  KRANK-ABZUG PICTURE ZZ.ZZZ,ZZ.
     02  NETTO-STIP PICTURE ZZ.ZZZ,ZZ.
 01  TEIL-SUM-SATZ.
     02  ZAHLST-NR PICTURE 99.
     02  NETTO-TEIL-SUM PICTURE ZZ.ZZZ.ZZZ,ZZ.
 01  END-SUM-SATZ.
     02  BEZEICHNUNG PICTURE A(30).
     02  END-SUMME PICTURE ZZ.ZZZ.ZZZ,ZZ.
 WORKING-STORAGE-SECTION.
 77  ZAHLST-ZAEHLER PICTURE 99; VALUE 1.
 77  BRUTTO PICTURE 9(4)V99.
 77  NETTO PICTURE 9(4)V99.
 77  KR-ABZ PICTURE 9(4)V99; VALUE ZERO.
 77  SUMME PICTURE 9(4)V99.
 77  NETTO-KONTR PICTURE 9(8)V99.
 77  ZWISCH-WERT PICTURE 9(5)V99.
```

```
01  STAMM-KARTE COPY STIP-STAMM-SATZ.
01  SUMMEN-BETRAEGE; VALUE ZERO.
    02  GRUND-LEIST-STIP-SUMME PICTURE 9(6)V99.
    02  STUD-BEIH-SUMME PICTURE 9(5)V99.
    02  FAM-BEIH-SUMME PICTURE 9(5)V99.
    02  EHEG-ZUSCHL-SUMME PICTURE 9(5)V99.
    02  KINDER-GELD-SUMME PICTURE 9(5)V99.
    02  MIETE-SUMME PICTURE 9(4)V99.
    02  SONST-ABZ-SUMME PICTURE 9(6)V99.
    02  BRUTTO-SUMME PICTURE 9(6)V99.
    02  KR-ABZ-SUMME PICTURE 9(6)V99.
    02  NETTO-SUMME PICTURE 9(6)V99.
01  TOTAL-BETRAEGE VALUE ZERO.
    02  GRUND-LEIST-STIP-TOTAL PICTURE 9(8)V99.
    02  STUD-BEIH-TOTAL PICTURE 9(7)V99.
    02  FAM-BEIH-TOTAL PICTURE 9(7)V99.
    02  EHEG-ZUSCHL-TOTAL PICTURE 9(7)V99.
    02  KINDER-GELD-TOTAL PICTURE 9(7)V99.
    02  MIETE-TOTAL PICTURE 9(6)V99.
    02  SONST-ABZ-TOTAL PICTURE 9(8)V99.
    02  BRUTTO-TOTAL PICTURE 9(8)V99.
    02  KR-ABZ-TOTAL PICTURE 9(8)V99.
    02  NETTO-TOTAL PICTURE 9(8)V99.
CONSTANT SECTION.
PROCEDURE DIVISION.
START.
    OPEN INPUT STIP-DATEN, OPEN OUTPUT DRUCK-ZEILEN.
START-1.
    READ STIP-DATEN AT END GO TO ENDE.
    IF KARTEN-ART IN STIP-STAMM-SATZ = 8 GO TO
    SORTIER-FEHLER.
START-2.
    MOVE STIP-STAMM-SATZ TO STAMM-KARTE.
    IF ZAHLST-NR IN STAMM-KARTE = ZAHLST-ZAEHLER
    NEXT SENTENCE ELSE PERFORM ZAHLST-ABSCHLUSS.
    READ STIP-DATEN AT END PERFORM
    NORMAL-RECHNUNG, GO TO ENDE.
    IF KARTEN-ART IN STIP-STAMM-SATZ = 8 GO TO
    KRANK-RECHNUNG ELSE PERFORM NORMAL-RECHNUNG,
    GO TO START-2.
NORMAL-RECHNUNG.
    PERFORM BRUTTO-RECHNUNG, MOVE BRUTTO TO NETTO.
    PERFORM SUMMEN-BERECHNUNG. PERFORM
    ZEILEN-AUSGABE.
```

```
KRANK-RECHNUNG.
    IF EINSCHR-NR IN STIP-AEND-SATZ = EINSCHR-NR IN
    STAMM-KARTE NEXT SENTENCE ELSE GO TO
    SORTIER-FEHLER.
    ADD GRUND-LEIST-STIP IN STAMM-KARTE, STUD-BEIH
    IN STAMM-KARTE, FAM-BEIH IN STAMM-KARTE GIVING
    SUMME.
    MULTIPLY SUMME BY TAGE-50 GIVING ZWISCH-WERT.
    DIVIDE 60 INTO ZWISCH-WERT GIVING KR-ABZ ROUNDED.
    MULTIPLY SUMME BY TAGE-25 GIVING ZWISCH-WERT.
    DIVIDE 40 INTO ZWISCH-WERT ROUNDED.
    ADD ZWISCH-WERT TO KR-ABZ.
    PERFORM BRUTTO-RECHNUNG. SUBTRACT KR-ABZ FROM
    BRUTTO GIVING NETTO. PERFORM
    SUMMEN-BERECHNUNG. PERFORM ZEILEN-AUSGABE.
    GO TO START-1.

BRUTTO-RECHNUNG.
    ADD GRUND-LEIST-STIP IN STAMM-KARTE, STUD-BEIH
    IN STAMM-KARTE, FAM-BEIH IN STAMM-KARTE,
    EHEG-ZUSCHL IN STAMM-KARTE, KINDER-GELD IN
    STAMM-KARTE GIVING SUMME. SUBTRACT MIETE IN
    STAMM-KARTE, SONST-ABZ IN STAMM-KARTE FROM
    SUMME GIVING BRUTTO.

SUMMEN-BERECHNUNG.
    ADD GRUND-LEIST-STIP IN STAMM-KARTE TO
    GRUND-LEIST-STIP-SUMME.
    ADD STUD-BEIH IN STAMM-KARTE TO
    STUD-BEIH-SUMME.
    ADD FAM-BEIH IN STAMM-KARTE TO FAM-BEIH-SUMME.
    ADD EHEG-ZUSCHL IN STAMM-KARTE TO
    EHEG-ZUSCHL-SUMME.
    ADD KINDER-GELD IN STAMM-KARTE TO
    KINDER-GELD-SUMME.
    ADD MIETE IN STAMM-KARTE TO MIETE-SUMME.
    ADD SONST-ABZ IN STAMM-KARTE TO
    SONST-ABZ-SUMME.
    ADD BRUTTO TO BRUTTO-SUMME.
    ADD KR-ABZ TO KR-ABZ-SUMME.
    ADD NETTO TO NETTO-SUMME.

ZEILEN-AUSGABE.
    MOVE ZAHLST-NR IN STAMM-KARTE TO ZAHLST-NR IN
    ZEILE.
    MOVE EINSCHR-NR IN STAMM-KARTE TO EINSCHR-NR
    IN ZEILE.
    MOVE NAME IN STAMM-KARTE TO NAME IN ZEILE.
    MOVE VORNAME IN STAMM-KARTE TO VORNAME IN
    ZEILE.
```

```
    MOVE GRUND-LEIST-STIP IN STAMM-KARTE TO
    GRUND-LEIST-STIP IN ZEILE.
    MOVE STUD-BEIH IN STAMM-KARTE TO STUD-BEIH IN
    ZEILE.
    MOVE FAM-BEIH IN STAMM-KARTE TO FAM-BEIH IN
    ZEILE.
    MOVE EHEG-ZUSCHL IN STAMM-KARTE TO
    EHEG-ZUSCHL IN ZEILE.
    MOVE KINDER-GELD IN STAMM-KARTE TO KINDER-GELD
    IN ZEILE.
    MOVE MIETE IN STAMM-KARTE TO MIETE IN ZEILE.
    MOVE SONST-ABZ IN STAMM-KARTE TO SONST-ABZ IN
    ZEILE.
    MOVE KR-ABZ TO KRANK-ABZUG.
    MOVE NETTO TO NETTO-STIP. MOVE ZERO TO KR-ABZ.
    WRITE ZEILE AFTER ADVANCING 1 LINE.
ZAHLST-ABSCHLUSS.
    ADD GRUND-LEIST-STIP-SUMME, STUD-BEIH-SUMME,
    FAM-BEIH-SUMME, EHEG-ZUSCHL-SUMME, KINDER-GELD-
    SUMME GIVING NETTO-KONTR. SUBTRACT MIETE-SUMME,
    SONST-ABZ-SUMME FROM NETTO-KONTR. IF
    NETTO-KONTR = BRUTTO-SUMME NEXT SENTENCE ELSE
    GO TO RECHEN-FEHLER. SUBTRACT KR-ABZ-SUMME
    FROM NETTO-KONTR. IF NETTO-KONTR = NETTO-SUMME
    NEXT SENTENCE ELSE GO TO RECHEN-FEHLER.
    MOVE ZAHLST-ZAEHLER TO ZAHLST-NR IN
    TEIL-SUM-SATZ.
    MOVE NETTO-SUMME TO NETTO-TEIL-SUM.
    WRITE TEIL-SUM-SATZ AFTER ADVANCING 3 LINES.
    PERFORM TOTAL-BERECHNUNG.
    MOVE ZERO TO SUMMEN-BETRAEGE.
    MOVE ZAHLST-NR IN STAMM-KARTE TO
    ZAHLST-ZAEHLER.
TOTAL-BERECHNUNG.
    ADD GRUND-LEIST-STIP-SUMME TO
    GRUND-LEIST-STIP-TOTAL.
    ADD STUD-BEIH-SUMME TO STUD-BEIH-TOTAL.
    ADD FAM-BEIH-SUMME TO FAM-BEIH-TOTAL.
    ADD EHEG-ZUSCHL-SUMME TO EHEG-ZUSCHL-TOTAL.
    ADD KINDER-GELD-SUMME TO KINDER-GELD-TOTAL.
    ADD MIETE-SUMME TO MIETE-TOTAL.
    ADD SONST-ABZ-SUMME TO SONST-ABZ-TOTAL.
    ADD BRUTTO-SUMME TO BRUTTO-TOTAL.
    ADD KR-ABZ-SUMME TO KR-ABZ-TOTAL.
    ADD NETTO-SUMME TO NETTO-TOTAL.
ENDE.
    MOVE GRUND-LEIST-STIP-TOTAL TO END-SUMME.
    MOVE "GRUND-LEIST-STIP INSGESAMT" TO
    BEZEICHNUNG,
```

```
    WRITE END-SUM-SATZ AFTER ADVANCING 5 LINES.
    MOVE STUD-BEIH-TOTAL TO END-SUMME,
    MOVE "STUD-BEIH INSGESAMT" TO BEZEICHNUNG,
    WRITE END-SUM-SATZ AFTER ADVANCING 5 LINES.
    MOVE FAM-BEIH-TOTAL TO END-SUMME,
    MOVE "FAM-BEIH INSGESAMT" TO BEZEICHNUNG,
    WRITE END-SUM-SATZ AFTER ADVANCING 5 LINES.
    MOVE EHEG-ZUSCHL-TOTAL TO END-SUMME,
    MOVE "EHEG-ZUSCHL INSGESAMT" TO BEZEICHNUNG,
    WRITE END-SUM-SATZ AFTER ADVANCING 5 LINES.
    MOVE KINDER-GELD-TOTAL TO END-SUMME,
    MOVE "KINDER-GELD INSGESAMT" TO BEZEICHNUNG,
    WRITE END-SUM-SATZ AFTER ADVANCING 5 LINES.
    MOVE MIETE-TOTAL TO END-SUMME,
    MOVE "MIETE INSGESAMT" TO BEZEICHNUNG,
    WRITE END-SUM-SATZ AFTER ADVANCING 5 LINES.
    MOVE SONST-ABZ-TOTAL TO END-SUMME,
    MOVE "SONST-ABZ INSGESAMT" TO BEZEICHNUNG,
    WRITE END-SUM-SATZ AFTER ADVANCING 5 LINES.
    MOVE BRUTTO-TOTAL TO END-SUMME,
    MOVE "BRUTTO INSGESAMT" TO BEZEICHNUNG,
    WRITE END-SUM-SATZ AFTER ADVANCING 5 LINES.
    MOVE KR-ABZ-TOTAL TO END-SUMME,
    MOVE "KR-ABZ INSGESAMT" TO BEZEICHNUNG,
    WRITE END-SUM-SATZ AFTER ADVANCING 5 LINES.
    MOVE NETTO-TOTAL TO END-SUMME,
    MOVE "NETTO INSGESAMT" TO BEZEICHNUNG,
    WRITE END-SUM-SATZ AFTER ADVANCING 5 LINES.
    CLOSE STIP-DATEN, DRUCK-ZEILEN.
    STOP RUN.
SORTIER-FEHLER.
    DISPLAY "KARTEN-SORTIERUNG FEHLERHAFT".
    STOP RUN.
RECHEN-FEHLER.
    DISPLAY "RECHEN-FEHLER IN ZAHLSTELLE",
    ZAHLST-ZAEHLER.
    STOP RUN.
```

12. Ausblick

In den einzelnen Abschnitten dieses einführenden Bandes wurden nur diejenigen Ausdrucksmittel der Sprache COBOL behandelt, die im Hinblick auf die Programmierung der Vorgänge in der Zentraleinheit einer elektronischen Datenverarbeitungsanlage unbedingt erforderlich sind und die Dateneingabe bzw. Datenausgabe über Lochkartenlesestanzeinheiten, Schnelldrucker und die Schreibmaschine des Bedienungspults gewährleisten. Dieses Grundsortiment an COBOL-Ausdrucksmitteln bedarf in mehrfacher Hinsicht der Erweiterung. Die wichtigsten dieser Erweiterungen seien hier stichwortartig genannt:

1. Einbeziehung der Eingabe- bzw. Ausgabeoperationen über Lochstreifengeräte und Magnetbandgeräte.
2. Programmierungstechnische Behandlung von Datenfeldern (Vektoren, Matrizen).
3. Laufanweisungen. Programmierung von Zyklen mit fester bzw. variabler Durchlaufzahl.
4. Ausbau der COBOL-Unterprogrammtechnik.
5. Die allgemeine Struktur bedingter Anweisungen.
6. Behandlung von Dateneinheiten mit variabler Länge.
7. Sprunganweisungen mit variablem Sprungziel.
8. Weitere häufig benötigte COBOL-Anweisungen mit spezieller Bedeutung.

Alle diese Ausdrucksmittel werden im Band „Oberstufe" zu behandeln sein.

Der abschließende Band „Praxis" wird dann Beispiele, Übungen, Vergleich mit der Programmablaufplantechnik sowie eine übersichtliche Zusammenstellung aller behandelten Ausdrucksmittel von COBOL bringen.

Literaturverzeichnis

[1] Report to Conference on Data Systems Languages Including Revised Specifications for a Common Business Oriented Language (COBOL) for Programming Electronic Digital Computers; Department of Defense 1961.

[2] Peter Kreis; COBOL — Die Programmierungssprache für kommerzielle Aufgaben — Lehrbuch zum Selbstunterricht. München — Wien: R. Oldenbourg Verlag, 1964.

[3] James A. Saxon; COBOL — A Self-Instructional Manual Prentice-Hall, Inc., Englewood Cliffs, N. Y.

[4] D. D. McCracken; A Guide to COBOL Programming. London/New York: J. Wiley & Sons, 1963.

[5] NEAT-COBOL. Firmenschrift der NCR.

[6] GAMMA-30 COBOL. Firmenschrift der Fa. Bull.

[7] GAMMA-30 COBOL Traité de Programmation. Firmenschrift der Fa. Bull.

[8] GAMMA-30 COBOL-Exploitation. Firmenschrift der Fa. Bull.

[9] COBOL-61 Extended; Report to Conference on Data System Language, Department of Defense 1962.

[10] Die Datenverarbeitungsanlage Bull Gamma 30. Firmenschrift der Fa. Bull; hieraus Bild 2 und 4.

Die Bände der REIHE AUTOMATISIERUNGSTECHNIK, werden mit RA sowie der Band-Nr. gekennzeichnet, z. B. RA 5.

Sachwörterverzeichnis

Additional material from *Elektronische Datenverarbeitung,*
ISBN 978-3-663-04059-0, is available at http://extras.springer.com